权威·前沿·原创

皮书系列为
“十二五”“十三五”国家重点图书出版规划项目

河北食品安全蓝皮书

BLUE BOOK OF FOOD SAFETY OF HEBEI

河北食品安全研究报告（2019）

ANNUAL REPORT ON FOOD SAFETY OF HEBEI (2019)

主　编／丁锦霞　金洪钧
副主编／贝　军　张志杰　张　毅　彭建强

社会科学文献出版社
SOCIAL SCIENCES ACADEMIC PRESS (CHINA)

图书在版编目(CIP)数据

河北食品安全研究报告. 2019 / 丁锦霞，金洪钧主编. --北京：社会科学文献出版社，2019.8
（河北食品安全蓝皮书）
ISBN 978-7-5201-5201-3

Ⅰ.①河… Ⅱ.①丁… ②金… Ⅲ.①食品安全-研究报告-河北-2019 Ⅳ.①TS201.6

中国版本图书馆 CIP 数据核字（2019）第 150510 号

河北食品安全蓝皮书
河北食品安全研究报告（2019）

主　　编 / 丁锦霞　金洪钧
副 主 编 / 贝　军　张志杰　张　毅　彭建强

出 版 人 / 谢寿光
责任编辑 / 高振华　张丽丽

出　　版 / 社会科学文献出版社 · 城市和绿色发展分社（010）59367143
地址：北京市北三环中路甲 29 号院华龙大厦　邮编：100029
网址：www.ssap.com.cn
发　　行 / 市场营销中心（010）59367081　59367083
印　　装 / 天津千鹤文化传播有限公司

规　　格 / 开 本：787mm × 1092mm　1/16
印 张：14.25　字 数：213 千字
版　　次 / 2019 年 8 月第 1 版　2019 年 8 月第 1 次印刷
书　　号 / ISBN 978-7-5201-5201-3
定　　价 / 128.00 元

摘　要

党的十八大以来，以习近平同志为核心的党中央将保障食品安全上升为国家战略，摆在治国理政的重要位置。总书记多次作出重要指示批示，要求把食品安全作为一项重大政治任务来抓，坚持党政同责，用最严谨的标准、最严格的监管、最严厉的处罚、最严肃的问责，确保人民群众“舌尖上的安全”。为此，党中央、国务院作出了一系列重大决策部署。各级党委和政府认真贯彻落实习近平总书记重要指示批示精神和党中央、国务院决策部署，对食品安全工作的重视程度明显提高，工作力度不断加大，总体形势稳定向好。

为全面展示河北省食品安全状况，客观评价食品安全保障工作成效，剖析食品安全工作中存在的问题及原因，探索研究食品安全样板发展路径和先进治理模式，河北省政府食品安全委员会办公室、省市场监督管理局会同省农业农村厅、省公安厅、省卫生健康委、省林业和草原局、石家庄海关、省社会科学院等部门联合撰写了《河北食品安全研究报告（2019）》（以下简称《报告》）。

《报告》分为总报告、质量安全篇和专题篇 3 个部分。总报告全面展现了河北省食品安全状况。质量安全篇由 6 篇调查报告组成，分析河北省蔬菜、畜产品、水产品、果品、食品相关产品、进出口食品的质量安全状况，剖析存在的问题，提出对策建议。专题篇内容涵盖食品工业发展、食品安全法规建设、食品公众满意度调查、重大活动食品安全保障、食品新兴行业标准技术支撑、食品安全责任保险存在的问题及对策研究等，从多个角度深入分析河北省食品安全工作，对食品安全前沿课题开展务实研究。《报告》3 个部分相辅相成，点面结合，为公众全面深入了解河北省当前的食品安全状况提供了科学参考。

《报告》主要有以下特点。

一是全面性。系统分析了河北省食品相关产业，从农产品到食品工业的质量安全状况，全面展示了河北省食品安全的总体发展状况，是评估和研究省级食品安全形势和发展的重要资料。

二是客观性。总报告、质量安全篇及专题篇报告所采用的数据均来自职能部门的第一手资料，或是对相关职能部门提供资料的总结和提炼，准确客观地反映了河北省食品安全整体状况，是政府及有关部门研究部署以及民众了解相关信息的重要渠道。

三是针对性。坚持问题导向，对河北省食品安全状况进行深入分析研究，探讨了河北省食品安全监管面临的重要理论和实践问题，总结了食品安全工作中的创新实践及有益经验，从理论与实践两个方面推动河北食品安全工作水平提升。

食品安全的研究与实践是不断探索完善的过程，由于我们的研究受各种客观条件限制，因此本书还存在诸多不足，希望各位专家、学者、同行多提宝贵意见，以便进一步修改完善。

关键词： 河北　食品安全　抽检监测　风险防控　社会共治

Abstract

Since the CPC 18th National Congress, the Party Central Committee with President Xi Jinping as the core has upgraded guarantee of food safety to the level of national strategy, and an important position of state affairs administration. President Xi Jinping has made important instructions and comments on several occasions, requiring that food safety is regarded as a significant political task, Party committees and governments have equal responsibilities, and the most rigorous standards, the strictest supervision, the severest punishment, and the most serious accountability are carried out to ensure "safety on tongue tips" for the public. Therefore, the Party Central Committee and the Sate Council have made a series of great decisions and arrangements. Party committees and governments at all levels have been conscientiously carrying out the spirit of President Xi Jinping's important instructions and comments and decisions and arrangements of the Party Central Committee and the Sate Council, have paid markedly growing attention to food safety work, and have been making more efforts in it, thus the overall situations has been steady and for the better.

With a view to making an overall exhibition of the food safety situations in Hebei Province, an objective assessment of the food safety guarantee performance of Hebei Province, a deep analysis of problems and causes existing in the food safety work, and an exploratory study of development paths and governance modes of food safety examples, the Food Safety Committee Office of Hebei Provincial Government, and Hebei Administration for Market Regulation, together with Department of Agriculture and Rural Affairs of Hebei Province, Department of Public Security of Hebei Province, Health Commission of Hebei Province, Forestry and Grassland Bureau of Hebei Province, Shijiazhuang Customs District, Hebei Academy for Social Sciences, etc., jointly wrote Annual Report on Food Safety of Hebei (2019) (hereinafter called the Report in short).

The Report falls into the three parts of General Report, Quality Safety Reports and Special Reports. General Report makes an overall exhibition of the food safety situations in Hebei Province. Quality Safety Reports are comprised of the six survey reports, analyze quality safety situations of vegetables, livestock products, aquatic products, fruits, food-related products, and foods of import and export in Hebei Province, make a deep analysis of existing problems, and put forward solution proposals. Special Reports, covering existing problems and solution research in development of food industry, establishment and improvement of food safety laws and regulations, surveys of public satisfaction for food safety, food safety guarantee for significant events, technical support for standards for emerging food industry, and food safety liability insurance, etc., make a deep study of the food safety work of Hebei Province from several perspectives, and conduct a pragmatic study of front-edge research programs of the food safety. The three parts of the Report are supplementary to each other, and link selected points with entire areas, so as to provide scientific references for the public having an overall and deep understanding of the present situations of the food safety in Hebei Province.

The Report mainly has below characteristics:

1. Being comprehensive. The Report makes a systematic analysis of the quality safety situations of food-related industries ranging from agricultural products to food industry in Hebei Province, and an overall exhibition of the food safety situations in Hebei Province, being important information to assess and research food safety situations and development at provincial level.

2. Being objective. The data used in General Report, Quality Safety Reports and Special Reports all comes from first-hand materials of functional departments, or is summarization and abstracts of materials provided by relevant functional departments, and reflects the overall situations of food safety in Hebei Province accurately and objectively, being an important channel for governmental relevant departments to make discussion and arrangement and the public to get to know information concerned.

3. Being targeted. The Report, problem-oriented, makes a deep analysis and study of the food safety situations in Hebei Province, explores important

theoretical and practical issues facing the food safety supervision in Hebei Province, and summarizes innovative practices and useful experience in the food safety work, thus pushing forward the promotion of the food safety work in Hebei Province both theoretically and practically.

Research and practices in food safety is a process of continuous exploration and improvement. Restricted by various objective conditions, the book still has lots of defects. We appreciate valuable comments from other experts, scholars and professionals for its further revision and improvement.

Keywords: Hebei; Food Safety; Sampling-testing Monitoring; Risk Prevention and Control; Social Co-governance

目　录

Ⅰ　总报告

Ⅱ　质量安全篇

Ⅲ　专题篇

皮书数据库阅读**使用指南**

CONTENTS

Ⅰ General Report

Ⅱ Quality Safety Reports

Ⅲ Special Reports

总 报 告

General Report

B.1
2018年河北省食品安全报告

河北食品安全研究报告课题组

摘　要： 食品安全关乎人民群众身体健康和生命安全，影响着社会的稳定和发展。2018 年，河北省各级各有关部门以习近平新时代中国特色社会主义思想为指导，深入贯彻党中央、国务院关于食品安全工作的决策部署，落实“四个最严”要求，坚持以人民为中心的发展理念，坚持预防为主、全程控制，坚持党政同责、社会共治，全面加强食品安全监管，着力提升治理能力和保障水平，全省食品安全形势持续平稳向好，群众满意度明显提升，为全省经济社会高质量发展提供了重要保障。

关键词： 食品安全　河北　监督管理　安全分析

2018 年是改革开放 40 周年，也是决胜全面建成小康社会的关键一年。河北省委、省政府全面落实“四个最严”要求，持续加强从农田到餐桌全过程监管，着力深化党政同责，提升食品安全治理能力和保障水平，有力保障了人民群众“舌尖上的安全”。全省食品安全形势持续平稳向好，未发生较大及以上食品安全事故，群众满意度从 2013 年的 58.48% 上升到 2018 年的 81.95%。

一　食品产业概况

（一）食用农产品

河北是农业大省，是国家粮食主产省之一，年产蔬菜、果品、禽蛋、肉类、奶类等各类鲜活农产品超亿吨，在全国均占有重要地位，是京津地区重要的农副产品供应基地。

1. 粮食

2018 年全国粮食播种面积 175555 万亩，总产量 65789 万吨，河北省粮食播种面积 6539 万亩，产量 3701 万吨，占全国粮食总产量的 5.6%，粮食产量居全国第 5 位（见表 1）。

表 1　全国粮食产量排名前十省份情况

单位：万吨，%

序号	地区	产量	占比
1	黑龙江	7507	11.4
2	河南	6649	10.1
3	山东	5320	8.1
4	安徽	4007	6.1
5	河北	3701	5.6
6	江苏	3660	5.6
7	吉林	3633	5.5

续表

序号	地区	产量	占比
8	内蒙古	3553	5.4
9	四川	3494	5.3
10	湖南	3023	4.6
	全国	65789	100

2. 蔬菜

2018 年，蔬菜由于统计口径和统计方法作出重要调整，基期数值和统计数据变化较大。2018 年河北省蔬菜播种面积 1181.41 万亩，总产量 5545.46 万吨，居全国第 2 位。平均单产 4289 公斤/亩，居全国第 1 位。设施蔬菜播种面积 331 万亩，产量 1403 万吨。

3. 肉类

2018 年，河北省肉类总产量 466.7 万吨，其中猪肉产量 286.3 万吨（见图 1）。禽蛋总产量 378 万吨，奶类总产量 391.1 万吨。

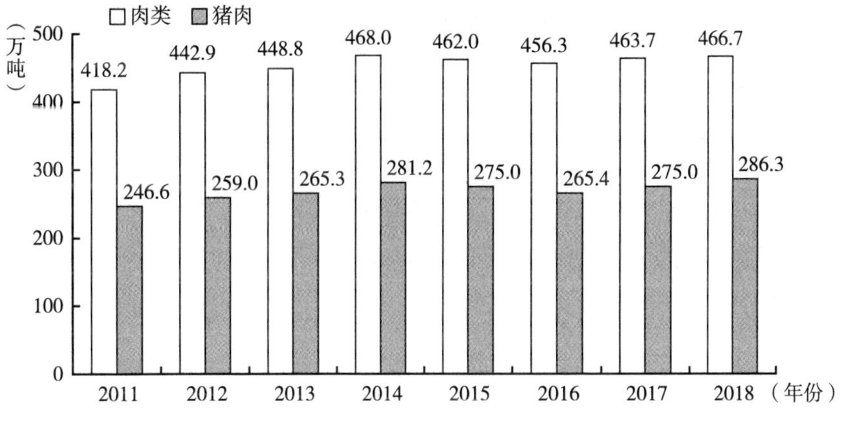

图 1　2011～2018 年河北省肉类产量

4. 果品

全省水果种植面积 795 万亩，总产量 957 万吨，产值 301 亿元，面积和产量与上年基本持平。全省设施果品生产规模达到 19.03 万亩，产量达

39.37 万吨。特色水果产业居于全国领先水平。梨果全年产量和出口量均位居全国第一。鸭梨、黄冠梨、雪花梨在北美、俄罗斯和东南亚市场的出口量继续稳定扩大，同时开辟欧洲市场取得重大进展。

5. 水产品

2018 年全省水产品总产量 109.62 万吨，其中养殖产量 77.62 万吨，捕捞产量 32 万吨（见图 2）。

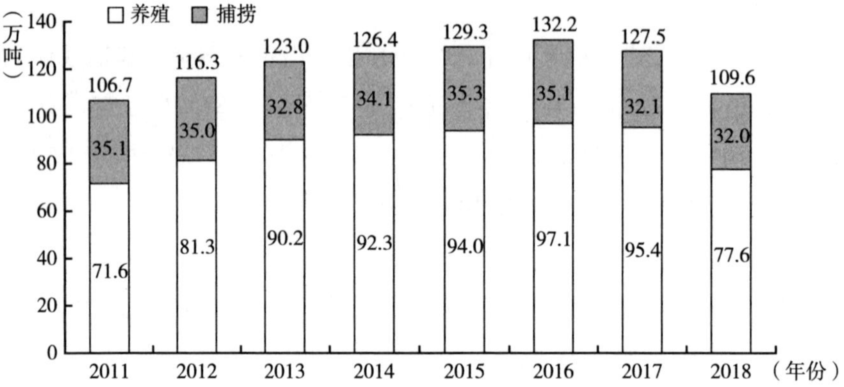

图 2　2011～2018 年河北省水产品产量

（二）食品工业

河北省优势食品在全国市场占有举足轻重的地位，乳制品产量位居全国第 1 位，方便面产量位居全国第 2 位，小麦粉产量位居全国第 5 位，葡萄酒产量位居全国第 6 位，罐头、发酵酒精、啤酒、糖果、果汁和蔬菜汁饮料位居全国第 11 位，精制食用植物油、白酒均位居全国第 13 位。

1. 产业规模

2018 年全省规模以上食品工业企业 1363 家，工业增加值完成增长 4.4%；实现主营业务收入 2800.52 亿元，同比下降 3.6%，占全省工业主营业务收入的 7.4%，位居全国第 15 位（见图 3 和表 2）；实现利润总额 135.16 亿元，同比下降 3.2%，占全省利润总额的 6.11%。

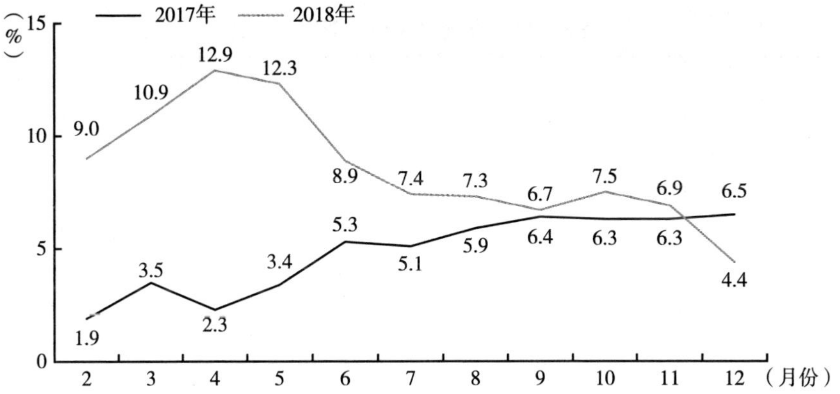

图3　2017 年、2018 年全省累计食品工业增加值增速及走势

表2　2018 年排名全国前十省份及河北省食品工业情况

排位	省份	2017 年排名	企业数（家）	销售收入（亿元）
1	山东省	1	5290	16342
2	河南省	2	3700	12446.15
3	四川省	5	2427	7256.9
4	广东省	6	2057	6266.35
5	湖北省	3	2472	6165
6	福建省	7	2396	6018.59（除烟草）
7	江苏省	4	2049	5612.99
8	湖南省	8	2585	4952
9	吉林省	9	1633	4683
10	安徽省	10	2608	3554.6
15	河北省	11	1363	2800.52

2. 食品工业主要产品产量完成情况

在入统的产品中，有 21 种产品产量为正增长，占统计品种的 63.64%（见表3），食醋、冷冻饮品、冷冻水产品、膨化食品、鲜冷藏肉、熟肉制品、味精、冻肉、糖果、大米、婴幼儿配方乳粉、包装饮用水 12 种产品产量增长都在 10% 以上，占到全部产品的 36.36%；碳酸饮料、方便面、冷冻蔬菜、果汁和蔬菜汁类饮料、酱油、罐头、速冻食品、成品糖、食品添加剂、焙烤松脆食品、蛋白饮料、乳粉、白酒 13 种产品为负增长。

表3　2018年食品工业主要产品产量

序号	产品名称	累计产量	累计增长(%)
1	冷冻水产品(万吨)	10.35	57.3
2	味精(万吨)	2.25	32.4
3	冻肉(万吨)	13.05	31.8
4	食醋(万吨)	6.19	25.8
5	膨化食品(万吨)	0.73	24.9
6	糖果(万吨)	11.31	21.8
7	鲜冷藏肉(万吨)	116.70	20.0
8	熟肉制品(万吨)	3.55	18.1
9	冷冻饮品(万吨)	5.60	12.1
10	大米(万吨)	22.42	12.1
11	饮料酒(万吨)	188.69	7.5
	其中:白酒(折65度,商品量)(万吨)	16.12	-1.8
	啤酒(万吨)	166.76	8.4
	葡萄酒(万吨)	5.53	9.4
	果酒及配制酒(万吨)	0.06	3.0
12	乳制品(万吨)	365.29	6.4
	液体乳(万吨)	357.42	6.3
	固体及半固体乳制品(万吨)	7.88	11.9
	其中:婴幼儿配方乳粉(万吨)	1.85	43.8
	乳粉(万吨)	4.99	-1.2
13	小麦粉(万吨)	1018.54	4.7
14	精制食用植物油(万吨)	289.09	3.9
15	饮料(万吨)	540.88	3.3
	其中:碳酸饮料(万千升)	37.57	-35.0
	包装饮用水(万千升)	207.10	46.5
	果汁和蔬菜汁类饮料(万千升)	63.15	-10.3
	蛋白饮料(万千升)	29.81	-5.3
	发酵酒精(折96度,商品量)(万千升)	15.72	2.7
16	卷烟(亿支)	762.0	1.4
17	酱油(万吨)	4.32	-3.3
18	冷冻蔬菜(万吨)	6.78	-5.9
19	焙烤松脆食品(万吨)	0.93	-11.0
20	成品糖(万吨)	31.23	-14.8
21	食品添加剂(万吨)	32.90	-20.8

续表

序号	产品名称	累计产量	累计增长(%)
22	方便面(万吨)	28.93	-21.5
23	罐头(万吨)	16.13	-44.9
24	速冻食品(万吨)	26.86	-45.1
25	速冻米面食品(万吨)	20.25	9.0

3. 食品工业企业情况

河北省食品工业企业主营业务收入在50亿~100亿元的有7家，10亿~50亿元的有44家，5亿~10亿元的有59家，1亿~5亿元的287家，2000万~1亿元的有966家。截至2018年，河北省食品名牌233项，河北优质产品209项，河北省质量效益型企业30家，中华老字号产品15项。“今麦郎”牌方便面、“五得利”牌小麦粉、“汇福”牌食用植物油、“奥开”牌冷鲜肉、“君乐宝”牌酸奶、“衡水”牌白酒、“养元”牌核桃乳饮料、“露露”牌杏仁露、“蓝猫”牌酸枣汁饮料、“小洋人”牌含乳饮料、“高碑店”牌豆制品等一大批品牌产品在省内外具有较大影响。“金凤”牌扒鸡、“衡水”“三井十里香”牌白酒、“骊骅”“玉星”牌淀粉糖及淀粉、“蜂王”牌蜂蜜麻糖等被授予中华老字号产品称号。

4. 食品领军品牌企业

河北省食品领军品牌企业主要有：石家庄君乐宝乳业有限公司、晨光生物科技集团股份有限公司、河北衡水老白干酒业股份有限公司、河北养元智汇饮品股份有限公司、玉锋实业集团有限公司、今麦郎面品有限公司、河北金沙河面业集团、三河汇福粮油集团有限公司、五得利面粉集团等。

5. 河北省特色食品品牌

河北省特色食品品牌主要有：中国长城葡萄酒有限公司、石家庄洛杉奇食品有限公司、河北栗源食品有限公司、河北承德露露股份有限公司、河北新希望天香乳业有限公司、秦皇岛骊骅淀粉股份有限公司、河北邯郸丛台酒业股份有限公司、唐山蓝猫饮品集团有限公司、河北双鸽食品股份有限公司、石家庄米莎贝尔饮食食品有限公司。

（三）食品经营主体

截至2019年2月，全省食品经营持证企业（含个人，下同）共398574家。主体业态包括：食品销售经营企业284163家，其中互联网经营企业5657家；餐饮服务经营企业92024家，其中内设中央厨房144家、集体用餐配送单位130家；单位食堂22387家，其中学校食堂14906家。

截至2018年底，全省食品“三小”（食品小作坊、小餐饮、食品小摊点）登记备案390166家，其中，食品小作坊登记19222家，小餐饮登记149664家，食品小摊点备案221280家。

二　食品质量安全概况

2018年河北省食品质量安全总体状况良好，食用农产品、加工食品、食品相关产品监督抽验合格率继续保持较高水平，全省食品安全形势平稳。

（一）粮食质量安全

1. 收获粮食质量监测情况

2018年，全省范围共监测收获粮食样品1134个，其中小麦样品528个，玉米样品583个，稻谷样品10个，大豆样品2个。从检测结果看，收获小麦样品安全指标合格率98%，玉米样品安全指标合格率98%，稻谷样品安全指标合格率100%。

2. 库存粮食质量监测情况

全省共扦取样品523个，其中小麦样品312个，玉米样品76个，稻谷样品2个，小麦粉样品94个，大米样品30个，花生油样品2个，大豆油样品6个，稻米调和油样品1个。经检验，小麦样品合格率98.08%，玉米样品合格率94.74%，稻谷样品合格率100%，小麦粉样品合格率100%，大米样品合格率93.33%，食用油样品合格率100%（见表4）。

表 4　2018 年库存粮食质量监测情况

单位：个，%

样品	小麦	玉米	稻谷	小麦粉	大米	食用油
取样数	312	76	2	94	30	9
合格率	98.08	94.74	100	100	93.33	100

3. 库存小麦质量检查情况

检查企业 356 家（储备企业 105 家，加工企业 113 家，购销企业 138 家），库存小麦 38.4 万吨，抽样检测样品 199 个。经检测，食品安全指标全部符合国家标准，达标率为 100%，储存品质指标宜存率为 100%，质量指标达标率为 97%。

（二）食用农产品质量安全状况（种养殖环节）

2018 年，全年省级监测农产品（种养殖环节）12159 批次，总体合格率达到 99.16%；其中蔬菜、畜禽产品、水产品合格率分别为 98.4%、99.7%、97.1%；完成果品质量安全例行监测 2075 批次（监测品种主要是全省梨、苹果、葡萄、桃、樱桃等主栽品种及柑橘类、香蕉、猕猴桃等市场主营主销品种），抽检合格率达 99.90%，全省农产品质量安全状况持续向好（见图 4）。

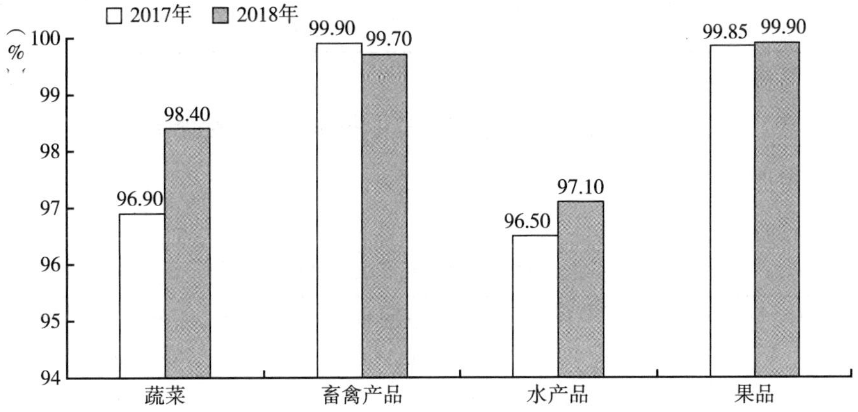

图 4　农产品质量安全监测总体合格率

（三）生产经营环节食品质量安全状况

2018 年，全省生产经营环节组织开展的食品安全抽检监测（不包括保健食品）主要由国家抽检监测转移地方部分（简称国抽）、省本级抽检监测（简称省抽）、国家市场监管总局统一部署的市县食用农产品抽检（简称农产品抽检）、市本级抽检监测、县本级抽检监测 5 部分组成。截至 2018 年 12 月 31 日，5 类任务共计完成抽检监测 274864 批次，共检出不合格及问题样品 5767 批次，总体问题发现率为 2.10%。

2018 年，省级组织开展的食品安全抽检监测（不包括保健食品）主要由国抽、省抽、农产品抽检三部分组成。截至 2018 年 12 月 31 日，三类任务共计完成抽检监测 70981 批次，共检出不合格及问题样品 2845 批次，总体问题发现率为 4.01%（既有监督抽检项目，也有风险监测项目）。其中监督抽检 66324 批次，检出实物不合格样品 2089 批次，监督抽检实物不合格率为 3.15%（见表 5）。风险监测 16481 批次，检出问题样品 389 批次，风险监测问题率为 2.36%。

表 5　省级开展三类任务监督抽检情况

序号	任务类别	监督抽检批次	实物不合格批次	实物不合格率(%)
1	国抽	8059	209	2.59
2	省抽	10394	167	1.61
3	农产品抽检	47871	1713	3.58
合计		66324	2089	3.15

其中，三类任务对加工食品监督抽检 16655 批次，对食用农产品监督抽检 49669 批次（见表 6）。

表 6　加工食品和食用农产品监督抽检批次

序号	任务类别	加工食品监督抽检批次	食用农产品监督抽检批次
1	国抽	6952	1107
2	省抽	9703	691
3	农产品抽检	0	47871
合计		16655	49669

1. 加工食品

2018 年，国家市场监管总局将加工食品分为 32 个食品大类（不含食用农产品），国抽、省抽对加工食品监督抽检共涵盖 30 个食品大类（未涵盖的食品大类为特殊膳食食品、特殊医学用途配方食品），加工食品监督抽检平均实物合格率为 98.2%，其中 19 大类食品检出实物不合格样品。各类加工食品监督抽检情况详见表 7。

表 7　各类加工食品监督抽检情况

序号	食品大类	监督抽检批次	实物不合格批次	实物不合格率(%)
1	方便食品	276	24	8.7
2	炒货食品及坚果制品	292	17	5.8
3	蔬菜制品	494	23	4.7
4	饮料	2104	87	4.1
5	冷冻饮品	78	3	3.8
6	糕点	1269	40	3.2
7	餐饮食品	788	17	2.2
8	薯类和膨化食品	146	3	2.1
9	蜂产品	164	3	1.8
10	淀粉及淀粉制品	536	8	1.5
11	酒类	1622	24	1.5
12	食用油、油脂及其制品	1257	16	1.3
13	水果制品	880	11	1.3
14	食糖	111	1	0.9
15	肉制品	1430	11	0.8
16	饼干	138	1	0.7
17	调味品	650	4	0.6
18	速冻食品	388	2	0.5
19	罐头	262	1	0.4
20	粮食加工品	1811	0	0.0
21	乳制品	1127	0	0.0
22	豆制品	196	0	0.0
23	糖果制品	180	0	0.0
24	水产制品	129	0	0.0
25	蛋制品	86	0	0.0
26	茶叶及相关制品	82	0	0.0

续表

序号	食品大类	监督抽检批次	实物不合格批次	实物不合格率(%)
27	婴幼儿配方食品	66	0	0.0
28	其他食品	51	0	0.0
29	食品添加剂	38	0	0.0
30	可可及焙烤咖啡产品	4	0	0.0
	合计	16655	296	1.8

2. 食用农产品

目前国家市场监管总局将食用农产品分为7个食品亚类，三类任务对食用农产品监督抽检涵盖全部亚类，食用农产品（市场销售环节）监督抽检平均不合格率为3.6%（食用农产品不检标签项目，不合格产品均为实物不合格，7个亚类均检出不合格样品）（见表8）。

表8　食用农产品监督抽检情况

序号	食用农产品亚类	监督抽检批次	不合格批次	不合格率(%)
1	水产品	4488	360	8.0
2	鲜蛋	1222	78	6.4
3	生干坚果与籽类食品	51	3	5.9
4	蔬菜	27227	1204	4.4
5	畜禽肉及副产品	5820	55	0.9
6	水果类	10565	91	0.9
7	豆类	296	2	0.7
	总计	49669	1793	3.6

（四）食品相关产品

截至2018年12月31日，河北省食品相关产品发证企业908家，其中塑料包装企业785家，纸包装企业69家，餐具洗涤剂企业34家，工业和商用电热加工设备企业20家。涉及复合膜袋、非复合膜袋、编织袋、塑料工具、纸杯、纸碗等多种产品，各类企业所占比例如图5所示。

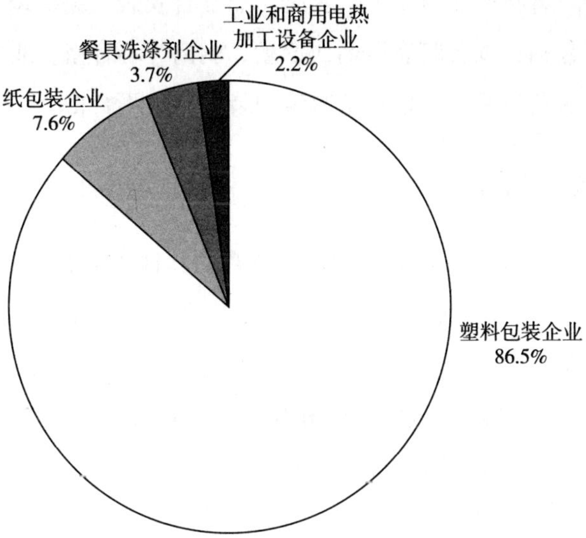

图5　河北省食品相关产品发证企业情况

2018 年，全年监督抽查食品相关产品 12 种，744 批次，涉及 559 家企业。产品包括复合膜袋、非复合膜袋、塑料容器、塑料工具、编织袋、餐具洗涤剂、电热食品加工设备、金属罐、纸制品、日用陶瓷、塑料片材、玻璃制品。其中实行生产许可证管理的产品 9 种，非生产许可证管理的产品 3 种。共有 19 批次样品不合格，合格率为 97.4%（见表 9）。

表9　食品相关产品监督抽查情况

检出率＼产品	复合膜袋	非复合膜袋	塑料容器	塑料工具	编织袋	餐具洗涤剂	金属罐	纸制品	日用陶瓷	塑料片材	玻璃制品	电热食品加工设备	合计
检测批次	153	113	188	98	26	26	9	66	21	17	20	7	744
不合格批次	10	4	0	0	5	0	0	0	0	0	0	0	19
不合格率(%)	6.5	3.5	0	0	19.2	0	0	0	0	0	0	0	2.6

监督抽查不合格产品涉及复合膜袋、非复合膜袋、编织袋三类产品。不合格项目主要包括：复合膜袋溶剂残留量、剥离力不合格；非复合膜袋提吊试验、标识、脱色试验不合格；塑料编织袋剥离力不合格。

（五）进出口食品

2018 年，石家庄关区检验检疫进出口食品共计 35421 批次，货值 16.54 亿美元，较 2017 年度批次、货值分别增长 5.62%、0.27%，其中进口食品 817 批次，货值 2.02 亿美元，较 2017 年度批次、货值分别减少 24.63%、17.53%；出口食品 34604 批次，货值 14.52 亿美元，较 2017 年度批次、货值分别增长 6.63%、3.37%（见表 10）。

表 10　2018 年石家庄关区进出口食品情况

	进口食品	减少比例（相较 2017 年）(%)	出口食品	增加比例（相较 2017 年）(%)	合计
批次	817	24.63	34604	6.63	35421
货值(亿美元)	2.02	17.53	14.52	3.37	16.54

（六）食源性疾病监测

2018 年，河北省开展食源性疾病诊疗的乡镇卫生院和社区卫生服务中心及以上的医疗机构全部纳入全国食源性疾病病例监测网，由 2017 年的 279 家增加到 2018 年的 2580 家，全年网络上报食源性疾病病例 40433 例。

（七）流通环节大宗食品监督抽检情况

1. 蔬菜——监督抽检合格率为95.6%

2018 年抽检蔬菜 27227 批次，检出实物不合格 1204 批次，合格率为 95.6%。检出实物不合格项目包括腐霉利、毒死蜱、氧乐果、克百威、氟虫

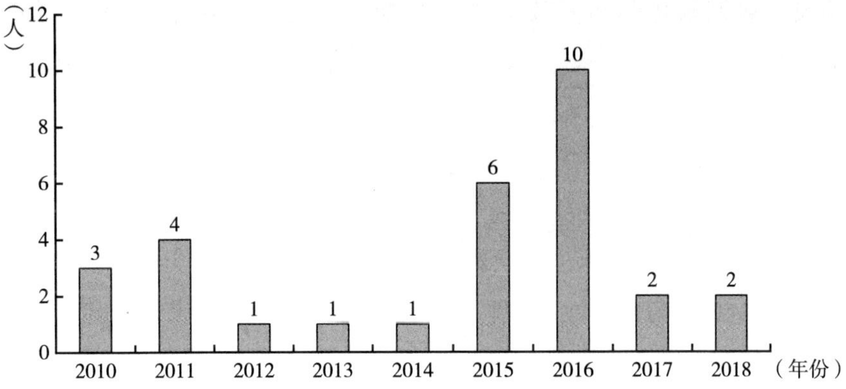

图 6　2010～2018 年河北省食源性疾病报告死亡人数

腈等农药残留，以及二氧化硫残留量、亚硫酸盐等食品添加剂，共 35 类物质，如图 7 所示。

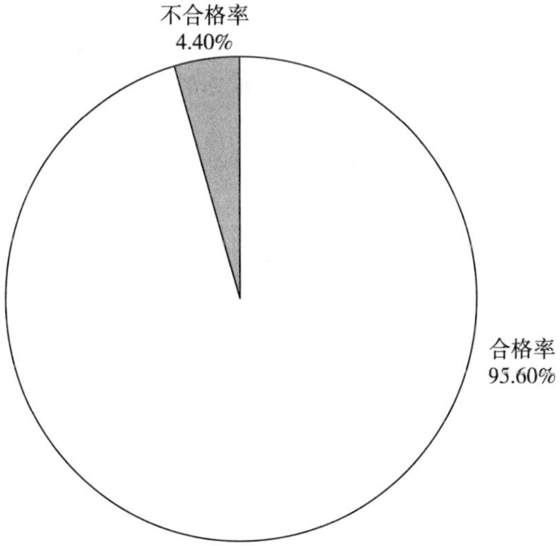

图 7　2018 年河北省蔬菜监督抽检合格率

2. 果品——监督抽检合格率为99.1%

2018 年抽检果品 10565 批次，检出实物不合格 91 批次，合格率为 99.1%。不合格项目主要为农药残留，包括丙溴磷、克百威、氧乐果、多菌灵、氯氟氰菊酯和高效氯氟氰菊酯、苯醚甲环唑等 20 种，如图 8 所示。

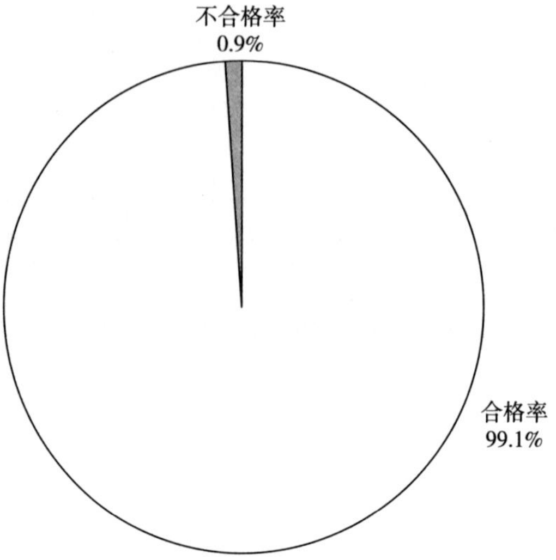

图 8　2018 年河北省果品监督抽检合格率

3. 水产品——监督抽检合格率为92%

2018 年抽检水产品 4488 批次，检出实物不合格 360 批次，合格率为 92%。不合格项目主要为兽药残留和重金属指标不合格。共检出恩诺沙星、氧氟沙星、氯霉素等兽药残留，镉、铬、铅等重金属指标，孔雀石绿等非食用物质，共 11 种，如图 9 所示。

4. 畜禽肉及副产品——监督抽检合格率为99. 1%

2018 年共抽检畜禽肉及副产品 5820 批次，检出实物不合格 55 批次，合格率为 99. 1%。不合格项目主要为兽药残留。检出恩诺沙星、克伦特罗、氧氟沙星、氟苯尼考、氯霉素、甲氧苄啶等兽药残留及鸭源性成分鉴定、水分等品质指标，共 18 种。

5. 肉制品——监督抽检合格率为99. 2%

2018 年共抽检肉制品 1430 批次，检出实物不合格 11 批次，合格率为

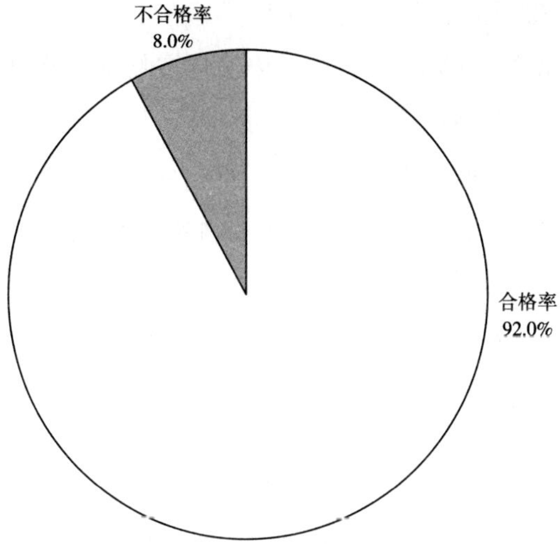

图9　2018年河北省水产品监督抽检合格率

99.2%。肉制品风险监测1307批次，检出问题样品26批次，问题率为1.99%。肉制品实物不合格（问题）项目如图10所示。

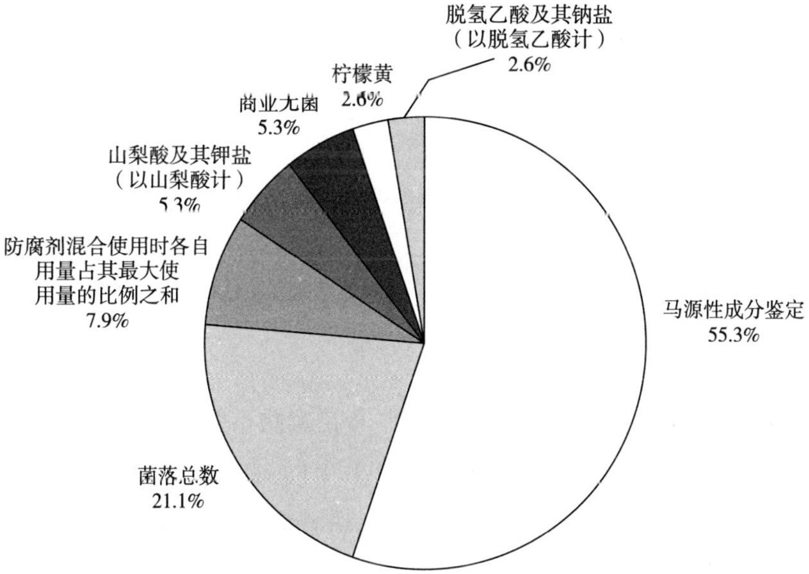

图10　2018年河北省肉制品实物不合格（问题）项目

6. 乳制品——监督抽检合格率为100%

2018 年共抽检乳制品 1127 批次，未发现实物不合格批次，乳制品综合合格率为 100%。乳制品风险监测 1245 批次，问题样品批次为 0。

7. 食用植物油、油脂及其制品——监督抽检合格率为98.7%

2018 年共抽检食用植物油、油脂及其制品 1257 批次，检出实物不合格 16 批次，合格率为 98.7%。食用植物油、油脂及其制品风险监测 1449 批次，检出问题样品 143 批次，问题率 9.87%。实物不合格（问题）项目如图 11 所示。

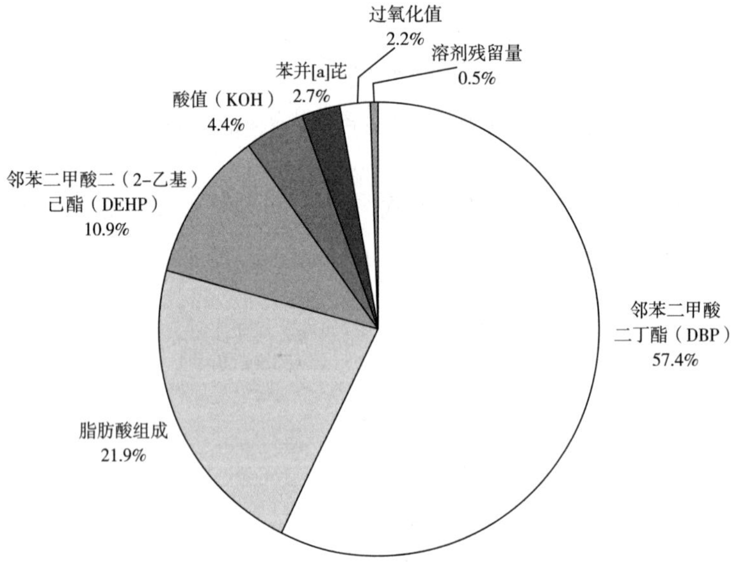

图 11　2018 年河北省食用植物油、油脂及其制品不合格（问题）项目

8. 酒类——监督抽检合格率为98.5%

2018 年共抽检酒类产品 1622 批次，检出实物不合格 24 批次，合格率为 98.5%。酒类风险监测 1670 批次，检出问题样品 58 批次，问题率 3.47%。酒类不合格（问题）项目主要包括酒精度、总酯、甲醇等品质指标，以及甜蜜素等食品添加剂、邻苯二甲酸二丁酯等其他污染物，共计 6 种，如图 12 所示。

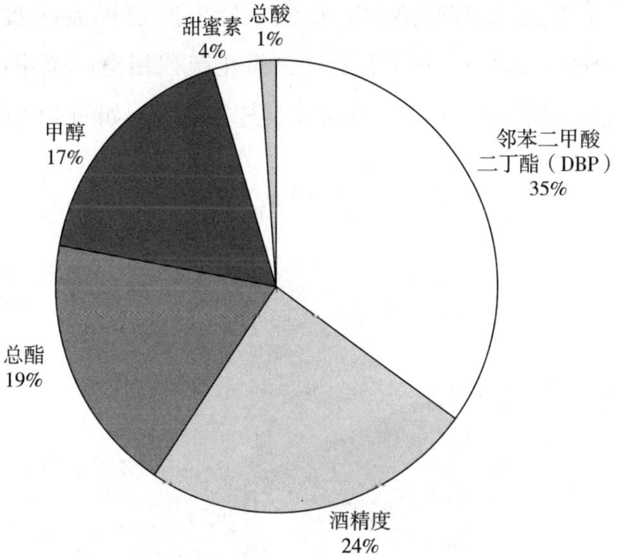

图12 2018年河北省酒类不合格（问题）项目

9. 饮料——监督抽检合格率为95.9%

2018年共抽检饮料产品2104批次，检出实物不合格87批次，合格率为95.9%。饮料风险监测686批次，检出问题样品4批次，问题率0.58%。饮料不合格（问题）项目主要包括铜绿假单胞菌、大肠菌群、菌落总数等微生物指标，溴酸盐、亚硝酸盐等其他污染物，安赛蜜、苯甲酸及其钠盐等食品添加剂，以及核桃源性成分鉴定、花生源性成分鉴定等品质指标，共计13种。

10. 调味品——监督抽检合格率为99.4%

2018年共抽检调味品产品650批次，检出实物不合格4批次，合格率为99.4%。调味品风险监测660批次，检出问题样品15批次，问题率2.27%。不合格（问题）项目主要有氨基酸态氮、苯甲酸及其钠盐、防腐剂混合使用时各自用量占其最大使用量的比例之和、总酸、柠檬黄等。

11. 水果制品——监督抽检合格率为98.75%

2018年共抽检水果制品880批次，检出实物不合格11批次，合格率为

98.75%。水果制品风险监测 708 批次，检出问题样品 6 批次，问题率 0.85%。不合格（问题）项目主要有二氧化硫残留量、苯甲酸及其钠盐、大肠菌群、铝的残留量、霉菌、甜蜜素、柠檬黄等，如图 13 所示。

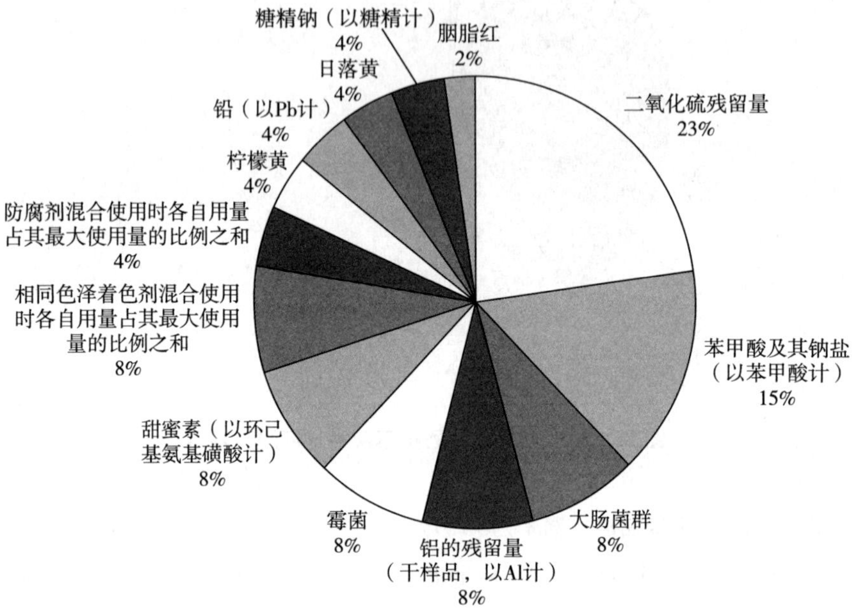

图 13　2018 年河北省水果制品不合格（问题）项目

12. 餐饮食品——监督抽检合格率为97.8%

2018 年共抽检餐饮食品 788 批次，检出实物不合格 17 批次，合格率为 97.8%。餐饮食品风险监测 1091 批次，检出问题样品 65 批次，问题率 5.96%。不合格（问题）项目主要有铝的残留量、猪源性成分鉴定、苯甲酸及其钠盐、亚硝酸盐、鸭源性成分鉴定、甜蜜素等。

13. 豆制品——监督抽检合格率为100%

2018 年共抽检豆制品 196 批次，未检出不合格产品，合格率为 100%。豆制品风险监测 283 批次，问题样品批次为 0。

14. 炒货食品及坚果制品——监督抽检合格率为94.2%

2018 年共抽检炒货食品及坚果制品样品 292 批次，检出实物不合格

17批次，合格率为94.2%。炒货食品及坚果制品风险监测382批次，检出问题样品5批次，问题率1.31%。不合格（问题）项目比例如图14所示。

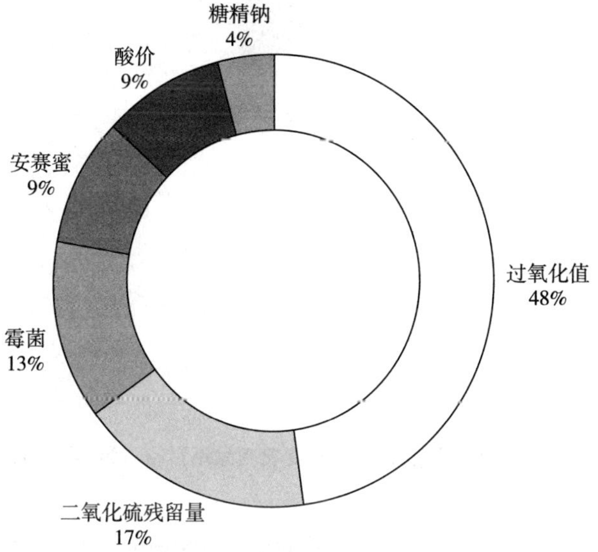

图14　2018年河北省炒货食品及坚果制品不合格（问题）项目

15. 淀粉及淀粉制品——监督抽检合格率为98.5%

2018年共抽检淀粉及淀粉制品536批次，检出实物不合格8批次，合格率为98.5%。淀粉及淀粉制品风险监测596批次，检出问题样品6批次，问题率1.01%。不合格项目主要有铝的残留量、二氧化硫残留量、霉菌、霉菌和酵母等4种。不合格（问题）项目比例如图15所示。

16. 蔬菜制品——监督抽检合格率为95.3%

2018年共抽检蔬菜制品494批次，检出实物不合格23批次，合格率为95.3%。蔬菜制品风险监测475批次，检出问题样品1批次，问题率0.21%。不合格（问题）项目主要有二氧化硫残留量、防腐剂混合使用时各自用量占其最大使用量的比例之和、苯甲酸及其钠盐、山梨酸及其钾盐、糖精钠、甜蜜素等。不合格（问题）项目比例如图16所示。

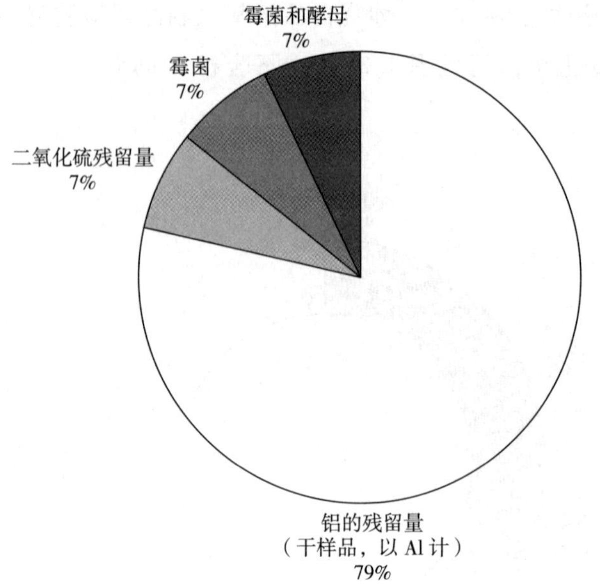

图15　2018年河北省淀粉及淀粉制品不合格（问题）项目

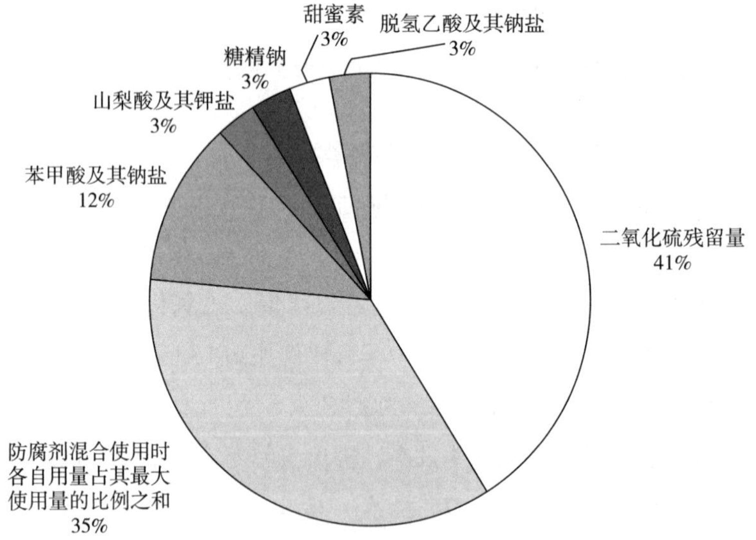

图16　2018年河北省蔬菜制品不合格（问题）项目

17. 方便食品——监督抽检合格率为91.3%

2018 年共抽检方便食品 276 批次，检出实物不合格 24 批次，合格率为 91.3%。方便食品风险监测 287 批次，问题样品批次为 0。不合格（问题）项目主要有脱氢乙酸及其钠盐、山梨酸及其钾盐、霉菌、菌落总数等，如图 17 所示。

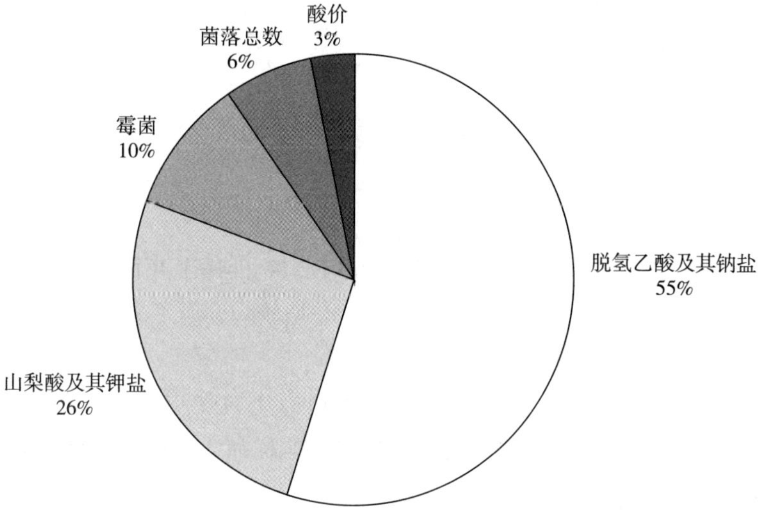

图 17　2018 年河北省方便食品不合格（问题）项目

18. 糕点——监督抽检合格率为96.8%

2018 年共抽检糕点样品 1269 批次，检出实物不合格 40 批次，合格率为 96.8%。糕点风险监测 700 批次，检出问题样品 5 批次，问题率 0.71%。不合格（问题）项目主要有菌落总数、酸价、脱氢乙酸及其钠盐、霉菌、纳他霉素、过氧化值等。

19. 冷冻饮品——监督抽检合格率为96.2%

2018 年共抽检冷冻饮品 78 批次，检出实物不合格 3 批次，合格率为 96.2%。冷冻饮品风险监测 120 批次，问题样品批次为 0。不合格（问题）项目主要是蛋白质、大肠菌群、菌落总数，如图 18 所示。

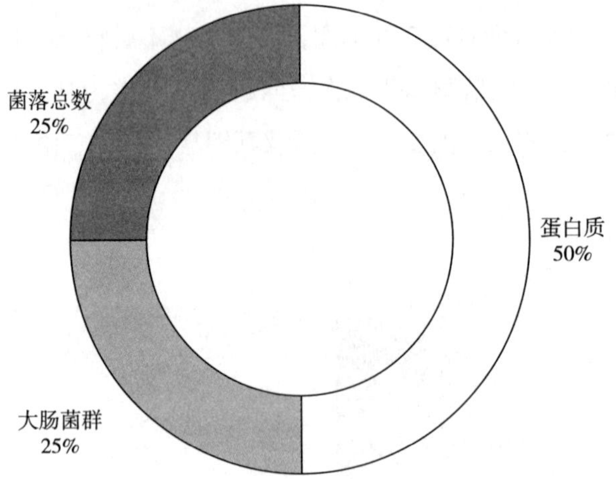

图18　2018年河北省冷冻饮品不合格（问题）项目

20. 糖果制品——监督抽检合格率为100%

2018年共抽检糖果制品180批次，未检出不合格产品，综合合格率为100%。糖果制品风险监测286批次，检出问题样品3批次，问题率1.05%。问题项目是重金属指标。

21. 饼干——监督抽检合格率为99.3%

2018年共抽检饼干样品138批次，检出实物不合格1批次，合格率为99.3%。饼干风险监测222批次，检出问题样品1批次，问题率0.45%。不合格（问题）项目是过氧化值。

22. 罐头——监督抽检合格率为99.6%

2018年共抽检罐头样品262批次，检出实物不合格1批次，合格率为99.6%。罐头风险监测311批次，检出问题样品1批次，问题率0.32%。不合格（问题）项目是糖精钠和乙二胺四乙酸二钠，如图19所示。

23. 食糖——监督抽检合格率为99.1%

2018年共抽检食糖样品111批次，检出实物不合格1批次，合格率为99.1%。食糖风险监测130批次，检出问题样品5批次，问题率3.85%。不合格（问题）项目是还原糖分和色值，如图20所示。

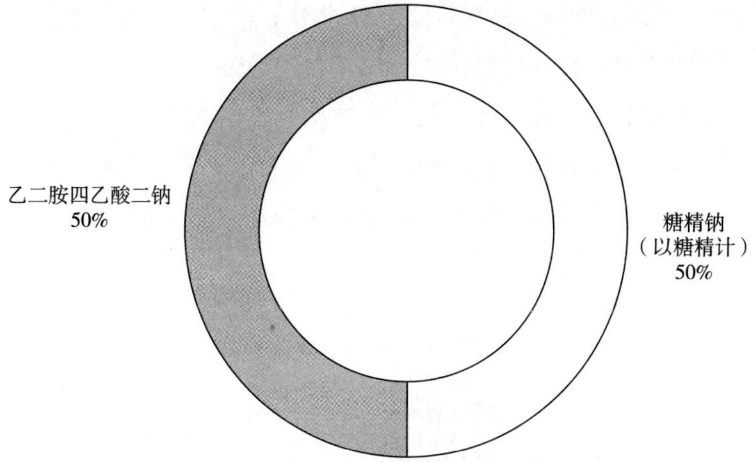

图 19　2018 年河北省罐头不合格（问题）项目

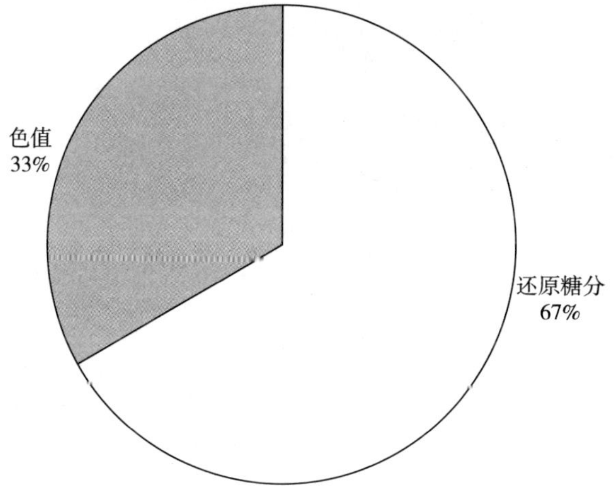

图 20　2018 年河北省食糖不合格（问题）项目

24. 食品添加剂——监督抽检合格率为100%

2018 年共抽检食品添加剂 38 批次，未检出不合格产品，综合合格率为 100%。食品添加剂风险监测 47 批次，问题样品批次为 0。

25. 婴幼儿配方食品——监督抽检合格率为100%

2018 年共抽检婴幼儿配方食品 66 批次，未检出不合格产品，综合合格率为100%。婴幼儿配方食品风险监测71批次，问题样品批次为0。

26. 薯类和膨化食品——监督抽检合格率为97.9%

2018年共抽检薯类和膨化食品146批次，检出实物不合格3批次，合格率为97.9%。薯类和膨化食品风险监测245批次，检出问题样品7批次，问题率2.86%。不合格（问题）项目是菌落总数、大肠菌群、铝的残留量、二氧化硫残留量，如图21所示。

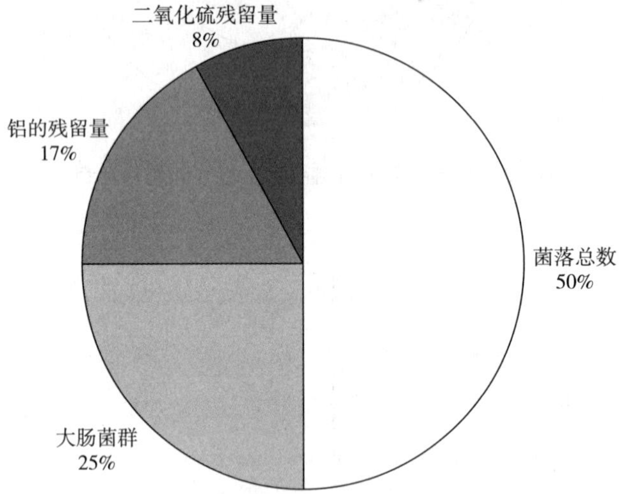

图21　2018年河北省薯类和膨化食品不合格（问题）项目

27. 蜂产品——监督抽检合格率为98.2%

2018年共抽检蜂产品164批次，检出实物不合格3批次，合格率为98.2%。蜂产品风险监测147批次，检出问题样品2批次，问题率1.36%。不合格（问题）项目是菌落总数和麦芽糖，如图22所示。

28. 粮食加工品——监督抽检合格率为100%

2018年共抽检粮食加工品1811批次，未检出不合格产品，综合合格率为100%。粮食加工品风险监测1152批次，检出问题样品6批次，问题率0.52%。问题项目主要是真菌毒素、食品添加剂。

29. 茶叶及相关制品——监督抽检合格率为100%

2018年共抽检茶叶及相关制品82批次，未检出不合格产品，综合合格率

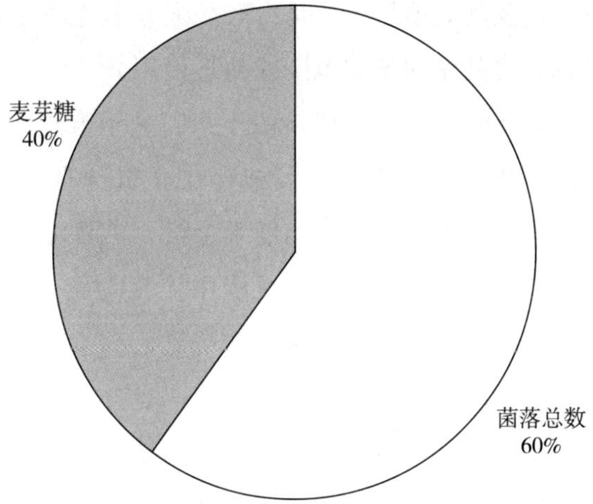

图 22　2018 年河北省蜂产品不合格（问题）项目

为 100%。茶叶及相关制品风险监测 138 批次，问题样品批次为 0。

30. 水产制品——监督抽检合格率为100%

2018 年共抽检水产制品 129 批次，未检出不合格产品，综合合格率为 100%。水产制品风险监测 103 批次，问题样品批次为 0。

（八）省级抽检监测中发现的问题及原因分析

2018 年，全省市场监管系统组织开展的食品安全抽检监测共计 274864 批次，共检出不合格及问题样品 5767 批次，总体问题发现率为 2.10%。其中监督抽检 268072 批次，检出不合格样品 5343 批次（含标签不合格），监督抽检不合格率为 1.99%。其中，监督抽检实物不合格样品 4572 批次，实物不合格率为 1.71%。风险监测 32177 批次，检出问题样品 446 批次，风险监测问题率为 1.39%（部分样品为“一样两检”，既有监督抽检项目，也有风险监测项目）。

1. 加工食品实物不合格（问题）项目产生原因分析

从加工食品生产经营链条分布看，主要是以下 5 个方面原因造成产品不合格及问题样品。

31.3%的不合格及问题项目主要是由产品配方不合理或未严格按配方投料导致，主要表现为食品添加剂超范围或超量使用。

28.6%的不合格及问题项目主要是由生产工艺不合理或控制不当导致。例如白酒及植物油的生产、贮存设备设施存在含塑料的材质导致塑化剂超标；白酒在勾兑环节控制不当导致酒精度不合格；枣酒在发酵环节控制不当导致甲醇超标；植物油的原料在炒制过程中温度过高，导致成品的苯并［a］芘超标；饮用水在灭菌过程中控制不当导致溴酸盐超标等。

16.9%的不合格及问题项目主要是由生产、运输、贮存、销售等环节卫生防护不良，食品受到污染使得微生物指标超标导致。

14.8%的不合格及问题项目怀疑是故意以次充好降低成本。例如植物油中脂肪酸组成不符合标准要求怀疑是在高价植物油中掺入低价植物油；植物蛋白饮料的植物源性成分与标签明示成分不符怀疑是掺入了廉价的植物蛋白成分；驴肉、羊肉制品动物源性成分与标签明示不符怀疑是掺入了其他廉价的肉类品种；酱油的氨基酸态氮不合格怀疑是人为降低指标以降低成本等。

8.4%的不合格及问题项目主要是由原料进厂把关不严使用了不合格原料，或是成品贮存温度过高、时间过长、产品包装密封性不良等贮存条件控制不当导致。例如部分食品的酸价、过氧化值不合格主要是由于使用了不合格的植物油原料或者是贮存时间过长；低度白酒存放时间过长导致总酯降低；小麦粉制品中脱氧雪腐镰刀菌烯醇超标主要是由于使用了霉变的小麦或小麦粉；食品原料本身重金属含量偏高导致成品食品的重金属超标等。

2. 食用农产品不合格（问题）项目原因分析

从食用农产品种植、养殖、初级加工的环节分布看，主要是以下原因造成产品不合格及问题样品。

57.7%的不合格项目主要是由蔬菜、水果在种植环节使用农药不规范导致农药残留；15.0%的不合格项目主要是由水质污染导致水产品重金属超标；11.2%的不合格项目主要是由畜禽在养殖环节使用兽药不规范导致兽药残留超标；7.3%的不合格项目主要是由于豆芽在种植加工环节违规使用植物生长调节剂；7.1%的不合格项目主要是由于食用菌等农产品在初加工过程中超量使用二氧化硫等食品添加剂；0.9%的不合格项目是由于食用农产品在初加工和运输过程中违规使用非食用物质，例如水产品违规使用孔雀石绿。

0.8%的其他不合格或问题项目的原因主要包括：牛羊肉动物源性成分与食品名称不符；生干坚果与籽类在贮存过程中霉变导致真菌毒素超标；畜禽肉贮存条件不当导致挥发性盐基氮超标等。

3. 食品标签不合格原因分析

标签不合格绝大多数属于标注不规范，例如营养标签营养素参考值计算错误、净含量字符高度不够、未使用规范的食品添加剂名称等。主要原因一是生产企业认为标签不合格不影响实际产品质量，对于食品标签不够重视；二是涉及食品标签的标准法规比较多，一些中小企业对相应的标准法规没有深入学习掌握；三是涉及食品标签的标准法规均是文字性条款，生产企业可能会对相应的标准法规的理解存在歧义；四是不排除个别生产企业为提高产品销量，故意在标签设计上误导消费者。

三　有关食品的投诉举报情况

2018年，共接收食品及保健食品投诉举报信息50952件，较上年全年增长9.8%。其中接收投诉举报34596件，受理23331件，受理率为67.4%。全省共接收咨询16356件。2018年共发放举报奖励67件，奖励金额共计35.69万元。

（一）投诉举报接收情况

自2015年以来，食品及保健食品投诉举报信息接收量逐年上涨，如图23所示。

分析2018年各阶段数据情况，投诉举报信息接收量在夏季呈增长趋势，主要由于夏季外出就餐人数多，且高温易导致食物变质。9月开学季投诉举报学校食堂卫生差、饭菜变质、吃出异物的情况较为集中，之后天气转凉投诉举报量开始回落，1月、2月元旦春节期间投诉举报量最低。因“3·15”

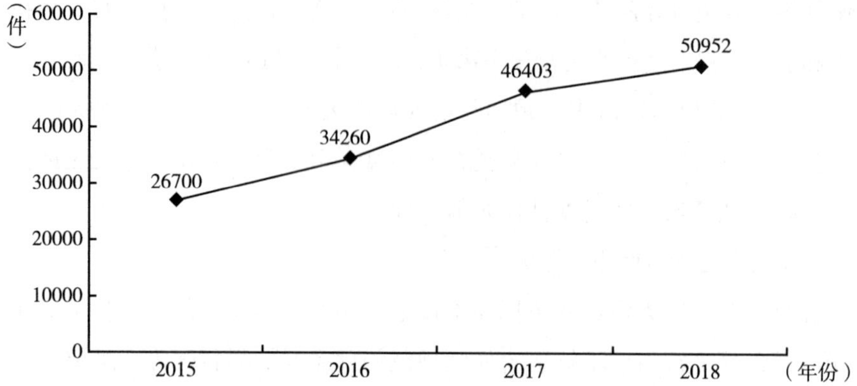

图 23　2015～2018 年投诉举报信息接收情况

消费者权益日和投诉举报“3·31”主题宣传日活动的开展，3 月成为接收量环比增长最快的月份，如图 24 所示。

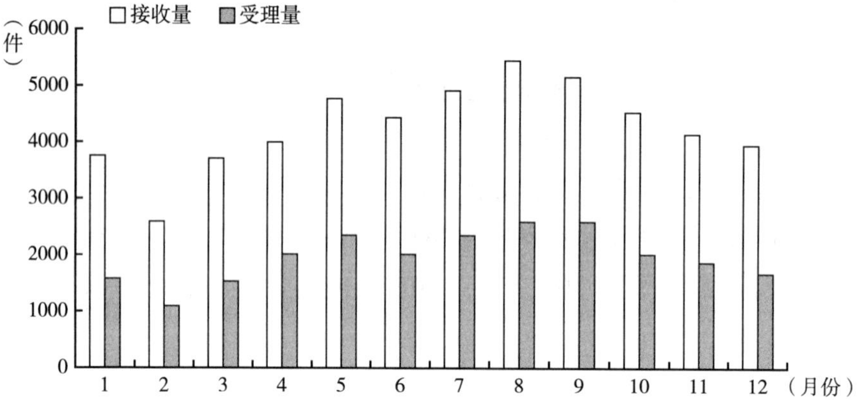

图 24　2018 年各月投诉举报接收量与受理量趋势

1. 按投诉举报接收渠道分析

从接收渠道看，通过电话接收 46920 件，占总量的 92.1%；通过网络接收 1936 件，占总量的 3.8%；通过信件接收 562 件，占总量的 1.1%；通过走访接收 440 件，占总量的 0.9%；通过其他渠道接收 1094 件，占总量的 2.1%。电话仍为主要接收渠道，各渠道占比与上年同期相当，如图 25 所示。

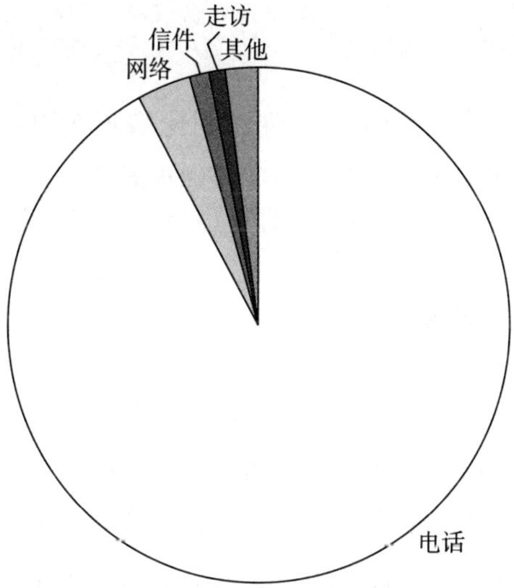

图 25　各渠道投诉举报信息接收情况

2. 按投诉举报产品类别分析

2018 年全省接收的投诉举报信息中，食品 47784 件，保健食品 3168 件。

群众最关心的仍是食品的质量安全，与上年同期相比，保健食品投诉举报量有小幅回落，如图 26 所示。

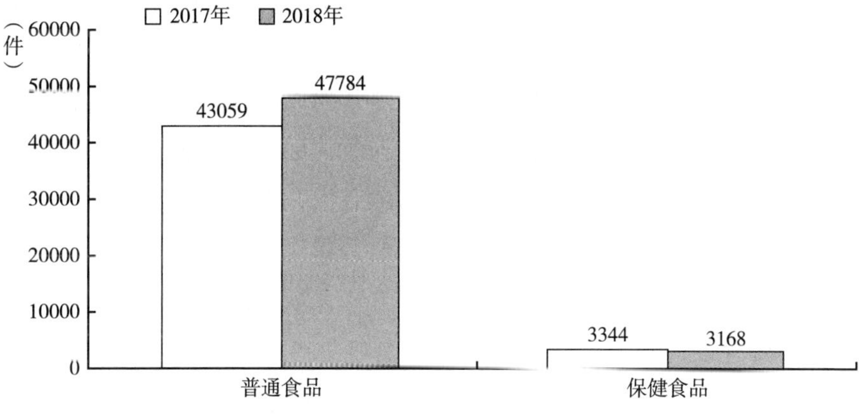

图 26　投诉举报信息接收量较上年同期对比

（二）咨询情况

2018 年全省共接收咨询 16356 件，同比增长 6.2%。咨询的内容主要有：案件进展、行政许可、产品真伪、保健食品功能、会议形式销售保健食品等问题。

（三）投诉举报受理情况

2018 年，全省食品安全投诉举报受理率为 67.4%。电话渠道受理率为 53.4%；网络渠道受理率为 82.7%；信件渠道受理率为 50.0%；走访渠道受理率为 41.1%；手机 App 渠道受理率为 56.0%。其中，网络渠道投诉举报的受理率最高，因该渠道较受职业举报人青睐，其举报内容专业性、有效性强，拉高了投诉举报的受理率。电话渠道主要为普通举报人使用，接收数量大，但举报线索较模糊，导致受理率较低。

（四）投诉举报的主要问题

1. 食品

2018 年全省食品类投诉举报的主要问题集中在流通环节，约占 58%；其次是餐饮环节，约占 37%；生产环节最少，约占 5%。各环节主要问题如图 27 所示。

生产环节举报的多为农村、偏远地区小作坊无证生产、卫生环境差、使用不合格原辅材料等问题，这些地方由于位置偏远，监管难度大，一些违法违规行为很难被发现。流通和餐饮环节举报量大，主要因为与百姓生活密切相关，最容易发现问题。举报量最多的品种为粮食加工食品及肉类，其次为乳及乳制品、酒类和饮料类。

2. 保健食品

2018 年保健食品类投诉举报主要问题集中在流通环节，约占 92%，使用环节和生产环节较少，分别只占 7.7% 和 0.3%。流通环节主要问题如图 28 所示。

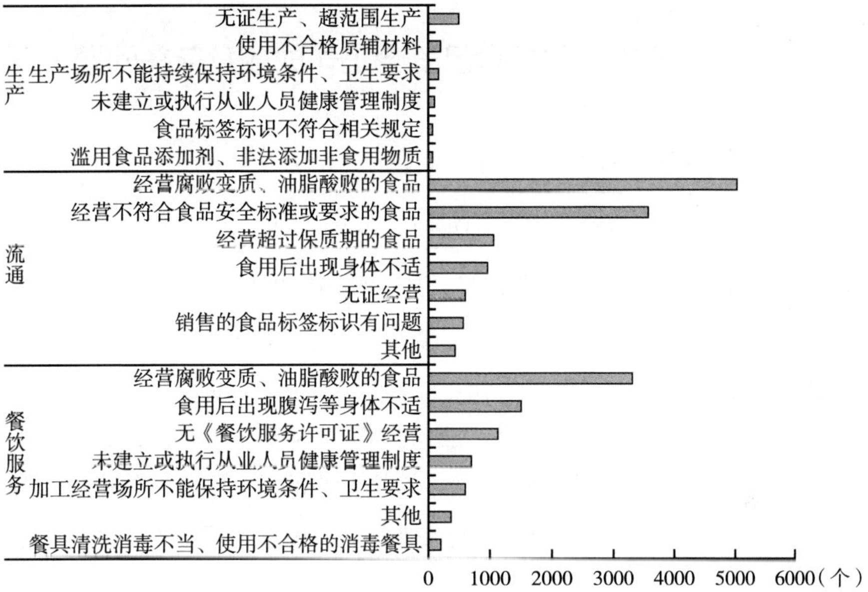

图 27　食品各环节主要问题

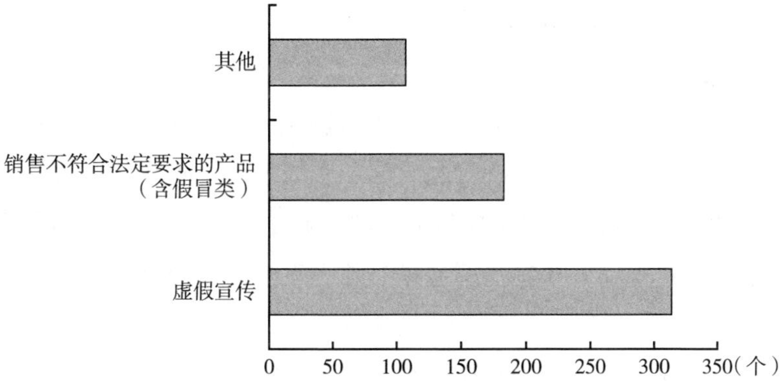

图 28　保健食品流通环节主要问题

突出的保健食品虚假宣传模式为会议销售，不法分子利用小恩小惠引诱消费者，宣传中不乏夸大宣传甚至虚假宣传，针对的人群主要为老年人。此外，在网络平台销售的保健食品往往成为监管难点。

四　2018年河北省食品安全工作成效及存在问题

（一）全面落实食品安全党政同责

河北省各级党委政府认真贯彻省委办公厅、省政府办公厅《关于落实食品安全党政同责的意见》，省、市、县、乡四级食品安全党政同责实现全覆盖。党委、政府主要领导带头落实食品安全治理责任，研究解决食品安全领域重大问题，安排部署重点工作。各相关部门着力健全“管行业必须管食品安全”的责任机制，将食品安全工作作为本部门、本系统重点工作予以部署推进，不断巩固发展协作配合、合力共治的食品安全工作格局。各级食安委及其办公室强化统筹协调、督查考评，有力推动了全省食品安全重点工作的落地见效。

（二）稳步推进各项重大部署实施

1. 实施食品药品安全提升工程

河北省委、省政府将食品药品安全作为重要的民生工程、民心工程，纳入全省“双创双服”活动重要内容。紧紧围绕人民群众饮食用药需要，坚持预防为主、全程控制、坚持问题导向、底线思维，明确17项日标任务，系统防范食品安全风险，深化食品生产经营质量安全和餐饮业质量安全提升工作，强化科技支撑，夯实基层基础，着力整治突出问题，提升保障能力水平。

2. 启动实施第二个“食药安全　诚信河北”三年行动计划

2018年4月29日，省政府办公厅印发《“食药安全　诚信河北”行动计划（2018～2020年）》，通过7个方面25条措施，对食品药品安全工作作出系统安排部署，明确到2020年，农产品产地抽检总体合格率达到98%以上、公众对食品药品安全的满意度稳定在80%以上、食品检验量达到每年4份/千人、农业标准化生产覆盖率达70%以上、规模以上食品生产企业全部建立HACCP体系、完成16个以上食品集中生产区的整治提升工作、食品集中交易市场整治提升率达到100%、80%以上餐饮服务单位达到“清洁厨房”标准、各市至少建成1个区域性餐厨废弃物和肉类加工废弃物等集中无害化处置中心。

3. 深入开展示范创建

推进国家食品安全示范城市创建活动，在持续巩固石家庄、张家口、唐山第一批国家食品安全示范城市创建成果的基础上，河北省政府食品安全委员会办公室研究制定了《国家食品安全示范城市标准（修改版）河北省细则》，承德、秦皇岛、廊坊等其他8个设区市扎实开展创建活动，食品安全示范城市创建工作实现了省域全覆盖；向农业部申请秦皇岛整市创建农产品质量安全市，环京津23个农业县区开展国家农产品质量安全县创建活动。2018年，河北省共有国家农产品质量安全县14个，省级农产品质量安全县56个；唐山市参与了首批农产品质量安全市创建，2018年11月通过国家核查验收。

4. 扎实做好北京冬奥会食品安全保障工作

省市场监督管理局配合北京冬奥组委编制实施餐饮工作规划和服务标准，完成了《冬奥会食品安全保障方案和冬奥餐饮食品安全保障方案》《冬奥食品安全技术标准（规范）》《北京冬奥会张家口赛区食品安全突发事件应急预案》的起草工作，成立赛会服务餐饮业务工作组，对方案、标准、规范的制定和农产品、食品备选供应基地及服务商遴选把关定向。印发了《2018～2022年冬奥会和冬残奥会河北省食品相关产品质量安全监管工作计划和服务标准》《河北省2022年冬奥会和冬残奥会食品相关产品质量安全监管规范》。省商务厅组织开展食源调查、菜品开发、行业培训，制定了《2022冬奥会和冬残奥会河北省区域餐饮食材备选基地、供应商名录》，高质量打造餐饮服务行业“冀字号”品牌。省农业农村厅制定冬奥会和冬残奥会蔬菜、畜禽产品和水产品备选基地准入标准，参加备选基地核查遴选。

（三）加强产地净化源头治理工作

加大农村环境综合整治力度，开展受污染耕地安全利用和治理与修复工作，省生态环境厅会同省财政厅、省自然资源厅、省农业农村厅等部门联合印发《河北省土壤污染状况详查实施方案》，完成了1024家企业的基础信息采集。分别制定粮油、特色农产品、畜禽产品和水产品标准化生产推进方案，全省累计建成园艺作物标准园728个、标准化养殖场1196个，省级以上出口农产品安全示范区22个，创建县级以上现代农业园区1742个，有效期内的“三品一标”产品2913个，农业标准化生产覆盖率达到57%。省住房城乡建设厅积极推进餐厨废弃物资源化利用和无害化处理项目建设，石家庄、唐山、秦皇岛已建成运行，承德、廊坊、邯郸已开工建设。

（四）强化食品安全全过程监管

省市场监管局积极推广危害分析及关键控制点管理（HACCP）等先进质量安全管理体系，全省306家规模以上食品生产企业通过体系认证；深入推进食品集中生产区整治提升，全省18个区域特色食品生产集中区得到有效治理；推动食品食用农产品集中交易市场整治提升，180家集中交易市场达到整治提升标准；69家大型超市、431家中型超市、4101家小型超市（门店）完成了“食品安全示范超市”创建；实施餐饮业质量安全水平提升工程，餐饮服务单位明厨亮灶实现全覆盖，“清洁厨房”占比达80%以上；大型餐饮单位、学校幼儿园食堂、集体供餐配送单位量化等级优良率达到80.13%；深化食品“三小”整治提升，对39万家食品小作坊、小餐饮、小摊点予以登记备案；突出问题导向，强化精准监管，2018年全省市场监管系统共完成食品抽检27.5万批次，检出不合格及问题样品5767批次，抽检总体合格率达97.9%。省农业农村厅完成省级食用农产品监测12159批次，总体合格率为99.2%。省林业和草原局完成果品质量安全例行监测1220批次，抽检合格率达到99.84%。省卫生健康委会同8部门制发食品安全风险监测方案，监测食品样品5331份，完成“小龙虾”“崇礼奥运赛区”

“单增李斯特菌”等6个食品安全风险专项监测。石家庄海关共完成进出口食品检验检疫35421批次，较2017年度增长5.62%。

（五）严惩重处食品安全违法犯罪

农业农村、市场监管、海关等部门会同公安机关，围绕假冒伪劣、“两超一非”、私屠滥宰、虚假宣传等突出问题，开展“铁拳2018”“护网行动”“食品保健食品欺诈和虚假宣传”“农村食品安全治理”等系列专项整治行动，查办了廊坊霸州曹某无证加工亚硝酸盐超标食品案、秦皇岛生产有毒有害食品案等一批大案要案，有力震慑了食品违法犯罪分子。2018年全省市场监管部门共办结各类食品药品违法案件21806件，行政处罚金额14045.07万元，捣毁制假窝点12个，责令停产停业455家。全省公安机关共侦办食品犯罪案件821起，抓获犯罪嫌疑人903人，捣毁黑工厂、黑窝点277个，涉案金额近9亿元。

（六）提升基层基础保障能力

省农业农村厅推进农产品质量安全监管追溯平台应用和移动监管终端配备，组织1085个农产品生产单位开展追溯试点工作，省市县通过“双认证”的农产品检测机构数量达到52家，建成石家庄等5个省级分中心。省林业和草原局着力推进省级质检中心的改扩建工作，并顺利通过中国合格评定国家认可委员会CNAS实验室认可。省卫生健康委食品风险监测覆盖所有市、县并逐步延伸到农村地区。省市场监督管理局着力完善跨区域跨部门的应急管理协作联动和信息共享机制，建立食品安全重大信息直报系统，突发事件应对处置能力进一步提升；持续强化基层装备配备，投入1.8亿元为每个县（市、区）配备了食品快检车和移动快检装备。

（七）健全法规规章标准体系

针对亚硝酸盐误食引发食物中毒事件时有发生，亚硝酸盐违法使用行为屡禁不止的实际，特别是食品“三小”违法违规尤甚的现状，将《亚硝酸盐监督管理办法》纳入省政府立法计划，为食品安全提供有力法治保障。省农业农村厅围绕全省 10 大品种 27 种特色优势农产品，组织制修订省级农业地方标准 66 项，梳理省级涉农标准 1091 项，编撰下发《河北省农业标准化生产手册（2018 年）》，涵盖了 4 个产业的 95 个主要品种。省卫生健康委发布了《龙凤贡面生产卫生规范》《速冻草莓生产卫生规范》两项食品安全地方标准，有力助推产业规范发展。省林业和草原局出台《河北省无公害果品生产管理办法》，为果品质量安全监管工作提供制度保障。

（八）提升食品安全智慧监管能力

河北省市场监督管理局积极探索“智慧监管”新模式，充分运用物联网、大数据等技术，推动食品生产经营企业落实追溯体系建设主体责任；加快食品安全监管信息化进程，食品生产经营许可监管，食品“三小”登记备案和监督管理实现信息化运行。进一步完善“药安食美”手机 App 社会共治平台。优化基层网格化监管平台实现监管平台与全省食品行政审批系统、食品“三小”管理系统信息对接，基层监管人员监督检查和乡村协管员巡查、登记、信息上报均可通过手机客户端实时进行。

（九）动员鼓励社会力量参与监督

充分发挥全省食品药品投诉举报平台作用，实施有奖举报制度，引导和鼓励社会公众积极参与食品安全监督。2018 年全省共接收投诉举报信息 50952 件，均及时进行了答复和处置，按时办结率 100%。食品药品网格化管理体系发挥作用明显，各地基本实现了有体系、有人员、有制度，全省 5 万多名基层协管员在调查摸底、隐患排查、集体聚餐登记、食品“三小”管理、食品安全宣传等方面有效开展工作。深化食品安全宣传引导，搭建全媒体宣传平台，实现了全天候立体式宣传。建设食品科普基地，逐步构筑“一市一科普基地、一县一科普公园、一镇一科普站、一村一科普栏”科普宣传矩阵。每季度召开专题新闻发布会，解读监管政策、宣传监管成效，为媒体和公众提供权威食品安全信息。省市场监督管理局在微信公众号设置“周一见”栏目，每周发布食品抽检信息，全年共发布公告55期11079批次抽检结果。省农业农村厅开展质量兴农万里行活动，多角度展现农业绿色发展、保障质量安全、提升农产品品牌等工作成效。省政府食品安全委员会办公室联合20个部门开展“食品安全宣传周”活动，推动食品安全共治、共享，营造良好社会氛围。

虽然全省食品安全取得一定治理成效，但也面临着许多新情况、新问题，食品安全新旧问题交叉出现。如人民群众关注的蔬果农残超标、畜禽水产品“两超一非”、制假售假、食品非法添加等旧问题时有发生，保健食品消费欺诈、“山寨”食品、“傍名牌”食品等现象尚未根治，食品销售者异地仓储、跨境电商、网络订餐、食品销售第三方平台等新业态逐步兴起，环境污染向食物迁移、网络食品安全等新问题日渐凸显。同时，监管能力有待进一步提高，基层基础设施、执法装备、监管手段、检测能力相对落后，与日益繁重的工作任务不适应、不匹配，队伍能力素质与新时代工作要求还有差距。

五　深化改革全面加强食品安全工作

2019年5月9日，中共中央、国务院印发了《关于深化改革加强食品安全工作的意见》。河北省委、省政府率先印发了若干配套措施，全面落实中央要求，强化食品安全党政同责，遵循最严谨的标准、最严格的监管、最严厉的处罚、最严肃的问责，深入实施食品安全放心工程攻坚行动，提升食品全链条质量安全保障水平，提高从农田到餐桌全过程监管能力，不断提升人民群众获得感、幸福感、安全感。

（一）建立最严谨的标准

对没有食品安全国家标准的地方特色食品，制订地方标准。鼓励企业制订并实施严于食品安全国家标准或地方标准的企业标准。围绕全省七大类

24 种农业特色优势产品，建立相应的农业地方标准体系，到 2020 年组织制修订省级农业地方标准 100 项。强化标准实施，监督各类主体按标生产。

（二）实施最严格的监管

一是净化产地环境。强化土壤污染管控修复，加强大气污染治理和流域水污染防治。二是规范农业投入品生产使用。依法落实农产品生产记录制度，防范农药兽药残留超标。实施“优质粮食工程”行动。三是强化食品生产加工监管。推动规模以上企业实施危害分析与关键控制点（HACCP）管理，实行食品安全风险分级管理，扩大体系检查范围。四是创新食品销售监管。推进冷链物流体系建设。强化农产品产地准出和市场准入衔接，在所有食用农产品批发市场都建立食品快检室。持续推进农村食品安全综合治理和保健食品行业专项整治。五是促进餐饮业提高安全质量。严格落实餐饮服务食品安全制度规范，全面深化“明厨亮灶”、清洁厨房、量化分级工作。落实重点餐饮服务提供者主体责任，推动校园食品安全治理水平提升。严格网络订餐治理，确保线上线下同标同质。

（三）实行最严厉的处罚

坚持“立改废”并举，加快构建现代化食品安全治理制度体系。深化行政执法与刑事司法衔接工作，严惩重处违法犯罪，严格落实“处罚到人”、从业禁止、惩罚性赔偿等要求。实行信用分级分类管理，强化守信联合激励和失信联合惩戒。

（四）坚持最严肃的问责

依法依规制定各层级监管事权清单，依照清单尽职免责、失职问责。加强对下级监管部门的监督管理，确保监管履职到位。压实治理责任，突出抓好雄安新区、冬奥会食品安全保障工作和“双安双创”、京津冀食品安全示范区等创建工作。

（五）深化体制机制改革

强化业务培训和人才队伍建设，提升监管队伍专业化水平。建立食品专业化职业化检查队伍。深化综合执法改革，强化基层基础保障，确保有足够资源履行食品安全监管职责。加强协管员队伍建设，探索建立相对稳定的报酬保障机制。

（六）完善追溯体系建设

建立省级食品追溯管理平台，统一制定追溯工作规范和数据标准，共享交换追溯数据，实现全环节信息互联互通，产品全程通查通识、来源可查、去向可追。

（七）推动食品产业高质量发展

推进许可认证制度改革，健全实施食品新业态监管制度。实施质量兴农战略，推进增品种、提品质、创品牌行动，加快食品产业转型升级，培育超百亿元产业集群。深化国产婴幼儿配方乳粉品牌提升行动，达到全球领先、全国领跑。

六　创新驱动推进治理体系和治理能力现代化

要实现食品安全领域治理体系和治理能力现代化，必须有效治理产地环境污染，着力强化生产经营者责任意识、诚信意识，加快完善从田间到餐桌全过程的监管制度，全面建立健全基于风险分析和供应链管理的食品安全监管体系。

（一）强化风险管控

完善统一领导、分工负责、分级管理的食品安全监管体制，健全协调联动机制，加强跨地区协作配合，落实食品安全风险防控联席会议制度，强化风险分析研判，发现问题迅速处置，及时通报上游查明原因、下游控制危害，构建常态化、制度化、规范化的隐患排查治理机制。突出抽检监测问题导向，增加对高风险食品的抽检频次，强化检打联动，提高监管科学性和靶向性。提升应急处置能力水平，全面加强食品安全风险管控能力。

（二）强化党政同责

落实地方党政领导干部食品安全责任制规定，督促各级党委、政府履行食品安全“一岗双责”，各级党政主要负责人履行第一责任人职责，健全“管行业必须管食品安全、管业务必须管食品安全”和“谁主管谁负责”的责任机制。充分发挥食安委食安办统筹协调、监督指导作用，将食品安全纳入跟踪督办、巡视巡察、考核评议重要内容，将结果作为评价领导班子和领导干部实绩、提拔重用领导干部的重要参考。激励干部担当尽责、干事创业，做出突出贡献的要按照有关规定予以表彰奖励。

（三）强化智慧监管

推进食品安全监管装备现代化，加强食品安全领域科技创新，深化基础科学和前沿科学研究，促进科研成果转化。加强检验检测等技术支撑能力建设，强化信息技术在食品安全监管领域的应用研究，重点突破大数据等关键技术。着重运用互联网、大数据推动监管创新，通过“机器助人”“机器换人”，实现食品安全智慧监管。

（四）强化共治共享

引导生产经营者落实食品安全主体责任，强化制度建设和培训考核，加大科研投入，加强从生产到销售全过程控制，主动投保食品安全责任保险。持续开展“食品安全宣传周”等普法和科普宣传活动，支持鼓励社会监督，加强新闻宣传和舆论引导工作，坚决打击造谣传谣、欺诈和虚假宣传行为，鼓励开展风险交流，规范畅通投诉举报机制，营造社会浓厚氛围。

质量安全篇

Quality Safety Reports

B.2

2018年河北省果蔬质量监管及分析研究

于凤玲　董建波　张保起　高云凤　黄玉宾*

摘　要： 蔬菜果品产业是河北省农业支柱产业，在促进农民增收和产业扶贫方面发挥着主导作用。2018 年，全省蔬菜总产 5545.46 万吨，稳居全国第二位。平均单产 4289 公斤/亩，居全国第一位。形成了温室、拱棚、地膜、露地等多种栽培形式互补的周年生产格局，实现了生产设施齐全、花色品种丰富、四季稳定生产、周年均衡供应。在推动农业供给侧结构

* 于凤玲，河北省农业农村厅农业技术推广研究员，享受国务院特殊津贴专家，近年来一直从事蔬菜生产与质量安全管理工作；董建波，河北省农业农村厅，从事水果生产与质量安全管理工作；张保起，河北省农业农村厅农业技术推广研究员，享受国务院特殊津贴专家，主要从事蔬菜产业服务工作；高云凤，河北省环境保护监测站高级工程师，主要从事农产品质量安全研究；黄玉宾，河北省环境保护监测站研究员，主要从事农产品质量监测研究。

性改革中，河北省委、省政府高度重视蔬菜产品质量安全，提出了“实施标准战略，以质兴农，以质富农，打造质量农业、科技农业、品牌农业、绿色农业”的要求。支持建立健全了检验检测、质量追溯和风险预警体系，加强执法监管，推动蔬菜标准化生产。各级农产品监管部门，加强宣传和培训，积极推广农药、化肥减量增效和病虫害绿色防控技术，加强投入品监管、蔬菜产销信息预警和例行检测，使全省蔬菜质量继续保持稳定提高态势，对产业发展起到了重要的促进作用。

关键词： 果蔬　质量安全　科技　标准　品牌

2018年，河北省蔬菜、果品产业管理方面有一些新变化：统计口径和统计方法有重要调整，基期数值和统计数据变化较大；按照中央统一部署，全面开展清理整治违规建设“大棚房”问题专项行动，其间，作为清理整治的一项基础工作，河北对设施生产的地点、规模、类型进行摸底登记造册，使得蔬菜、水果的设施生产底数更加准确；全省深入推进农业供给侧结构性改革，着力打造“四个农业”，大力发展农业特色产业，蔬菜、果品高质量发展取得重要成效；省级机构改革进一步理顺了水果产业管理体制，相关职能划转到省农业农村厅。本报告的相关内容、数据，均根据上述变化出现后的情况整理得到。

一　全省蔬菜、果品生产总体情况

（一）蔬菜果品产业和质量管理概述

近年来，河北省着力推进蔬菜（含西甜瓜、草莓和食用菌）生产设施化、规模化、标准化，建设冬春棚室、夏秋露地、春秋拱棚三大蔬菜优势产区，形成了温室、拱棚、地膜、露地等多种栽培形式互补的周年生产格局，实现了生产设施齐全、花色品种丰富、四季稳定生产、周年均衡供应。河北是全国第二大水果产业省份，其中鲜梨产业规模居第一位，出口量占全国的50%左右，遥遥领先于其他省份；设施葡萄居全国首位，具有很强的市场影响力。

蔬菜和果品产业是河北农业的优势产业，也是京津冀协同发展现代农业领域中最为重要的部分。保障京津“菜篮子”“果盘子”产品市场供应，是河北农业的重大政治任务和重要历史责任。作为北京和天津的主要果蔬供应基地，河北蔬菜、果品产业发展状况和质量安全水平对城市市场供应的影响举足轻重、至关重要。

河北省委省政府高度重视农产品质量安全，做出“实施标准战略，以质兴农，以质富农，打造质量农业、科技农业、品牌农业、绿色农业”（简称“四个农业”）的决策。全省农业系统认真落实省委省政府的战略部署，建立健全检验检测、质量追溯和风险预警体系，加强执法监管，推动蔬菜、果品的标准化生产。在提高蔬菜、果品质量安全水平方面，以优化结构、确保安全、绿色生态、农民增收为目标，大力实施有机肥替代化肥和生态防控技术，着力推动化肥农药用量由持续减缓增长向“零增长”再到“负增长”的历史性转变，逐步构建起了瓜菜、果品绿色生产新模式，取得了较好效果，以优良品质赢得市场竞争力，在促进农民增收和产业扶贫中发挥了重要作用。2018年，全省蔬菜、果品质量继续保持稳定提高态势，对产业发展起到了重要的保障作用。

（二）蔬菜产业发展概况

河北省2018年瓜菜种植面积为1292.19万亩，总产5545.46万吨。平均单产4292公斤/亩，居全国第一位。面积、总产分别比上年增长5.1%和1.7%。主要种植叶菜、果菜、根茎蔬菜130余个种类。产品销往全国各地，其中供应京津1000多万吨，占北京市场的53%，占天津市场的46%，在上海夏季（7~9月）市场占比稳定增长。全年蔬菜产品质量总体稳定，国家定点抽检，连续三年全省瓜菜平均合格率达98%以上。

蔬菜生产力布局基本稳定，着力推动品种结构的优化布局，促进县域单品化、单品周年化转型，发展大品种，建设大基地，规模化发展水平有较快提高。在冀北坝上露地错季菜、冀东日光温室生产、冀中环京津棚室栽培和冀南拱棚叶菜四大蔬菜产区，不仅列入国家规划的57个蔬菜大县的生产水平继续提高，而且一批非重点县的蔬菜产业也得到快速发展。多品种种植，多种设施类型搭配，多种茬口衔接，是河北省蔬菜生产的基本特点，全省蔬菜四季生产、周年供应的均衡性明显增强，没有出现季节性、结构性的积压滞销和缺货断供情况。全年各月都能批量调出，不仅供应京津，还向其他省份大量供应。

在全国具有重要影响的是夏季蔬菜生产。张家口、承德冀北坝上露地错季菜产区，每年7、8、9三个月集中供应国内各大城市，约有700万吨芥蓝、奶白菜、彩椒等精特蔬菜销往京津及南方市场，成为全省最具影响力的农产品，也是张家口、承德坝上地区农业特色产业的一张亮丽名片。

冀东的唐山、秦皇岛两市，主要是日光温室生产，冬春生产优势突出，是全省深冬精细果菜生产主要基地。主要产品有密刺黄瓜、旱黄瓜、薄皮甜瓜、番茄、青椒、菜用马铃薯、豇豆、芹菜、生菜等，抚宁、丰润是河北省最主要的生姜生产基地。

冀中环京津的廊坊、保定、石家庄、沧州和衡水等地，光热资源比较丰富，毗邻京津，生产方式兼有日光温室、大中拱棚和露地应季种植，既可以生产多种茄果类、豆类蔬菜，也是京津1小时叶菜类“快菜”生产基地，周年生产优势明显。

邯郸和邢台地区，冬季连阴天和雾天较多，果菜生产风险较大，冬季以大、中、小塑料拱棚叶菜为主，夏季可生产果菜，叶菜周年生产供应特征突出。露地生产产品特色突出，鸡泽县的“鸡泽辣椒”入选首批“中国特色农产品优势区”。

规模化经营发展较快。全省农民蔬菜合作社达到2.1万家，规模园区5680个。全省有26类产品形成规模化优势产区31个，崇礼彩椒、青县羊角脆甜瓜、昌黎旱黄瓜、沽源架芸豆、隆尧鸡腿葱、满城草莓、玉田包尖白菜、永年大蒜、乐亭甜瓜等产品特色突出，在生产规模、产品质量和市场影响力等方面具有较强竞争优势，已经成为带动区域农民增收的特色产业。

（三）食用菌产业发展概况

以香菇产业为重点，集中培育、加快发展，省级制定印发了《河北省香菇产业提质增效推进方案》，明确重点建设平泉市、遵化市、阜平县等错季香菇生产基地，促进香菇产业提质增效。产业发展取得明显成效，到2018年底，全省已建成平泉卧龙、阜平天生桥、遵化平安城、临西下堡寺等30多个规模化基地，核心区成方连片、蔚为壮观，聚集特征十分明显，以规模化、标准化、专业化为标志，产业集中度明显高于其他县域和其他农业产业门类。平泉市凭借“平泉香菇”入选首批“中国特色农产品优势区”，国际标准农业标准化示范区建设成效得到巩固，成为全国唯一一个具有香菇市场定价权的县级区域，在产业做大的基础上，初步实现了做强的目标。

在大力发展香菇产业的同时，把发展食用菌作为产业扶贫的主导产业，省级印发《河北省食用菌产业扶贫行动计划》（冀农业特发〔2008〕11号），支持贫困县选择特色产品，以扶贫资金折股、土地使用权入股、到生产园区务工等多种方式，吸收贫困户劳动力参与食用菌产业，在共建共享中，带动农民增收。食用菌产业已辐射全省113个县，形成多个特色食用菌小镇。带动全年食用菌生产规模达141万吨，产值228亿元。

（四）水果产业发展概况

全省水果面积795万亩，预计总产957万吨、产值301亿元，面积和产量与上年基本持平。在种植业结构调整带动下，区域布局和品种结构总体稳定，加快全省水果产业绿色和高质量发展步伐，主要推进水果特优区创建、有机肥替代化肥和绿色循环优质高效特色项目实施，突出抓好品质提升，提高市场竞争力。

特色水果产业居于全国领先水平。梨果全年产量和出口量均位居全国第一。鸭梨、黄冠梨、雪花梨出口继续在北美、俄罗斯和东南亚市场稳定扩大，开辟欧洲市场取得重大进展，近年来引进的新品种已经实现批量化生产。高端苹果和葡萄产业发展也取得重要进展。晋州市凭借“晋州鸭梨”、内丘县凭借“富岗苹果”和怀来县凭借“怀来葡萄”入选第二批“中国特色农产品优势区”，进一步提升了区域特色品牌价值和国际影响力。

设施栽培成为水果业转型升级的重要方向。作为一种保温增温手段，栽培设施还起到物理隔离作用，可以有效阻止害虫侵袭，显著降低病害发生的概率，大大减少农药的使用，避免了农药残留超标等风险。饶阳、昌黎、乐亭、山海关、黄骅、青县等地设施栽培水果面积增长迅速，主要栽培品种为葡萄，水蜜桃、油桃、鲜杏、樱桃、冬枣等设施栽培面积也在加速增长，全省设施果品生产规模达到19.03万亩，产量39.37万吨，成为高端设施农业的重要组成部分。饶阳县设施葡萄栽培面积达到14万亩，为全国最大的设施葡萄生产县。

二 河北省果蔬质量管理主要举措

2018年，全省深入推进农业供给侧结构性改革，大力发展现代都市农业和优质高效农业，发展农业特色产业，促进高质量发展成为农业特别是蔬菜水果产业的主旋律。围绕提高蔬菜、果品总体质量水平，主要开展了以下工作。

（一）提高科技发展水平

1. 完善科技创新体系

调整科技创新团队的组建方式，在第二期现代农业产业技术体系中，以具体产品为主线，力求全产业链打造、全产业链提升、全产业链打穿，设立黄瓜、甜瓜、辣椒、香菇、平菇、黑木耳、双孢菇、苹果、梨、桃、葡萄等岗位专家，牵头组建攻关团队，围绕具体产业开展关键环节科技攻关，加强综合配套技术集成，组织示范推广和成果转化，为果蔬产业发展提供科技支撑。

2. 构建科技成果转化机制

落实《河北省农业供给侧结构性改革三年行动计划》（冀政字〔2017〕52 号）和《河北省人民政府深入推进农业供给侧结构性改革加快发展农业特色产业的意见》（冀政字〔2018〕34 号），对 11 种蔬菜、水果分别提出提质增效行动方案，明确标准化生产和质量管理的关键环节和重点举措。推行“六个一”机制，指导每个县（市、区）确定一个特色产业，明确一个承接平台，对接一个创新团队，培育一批科技人才，建立一个推广中心，设立一个转化基地，促进科技成果的转化。

3. 加强技术交流合作

借力国家和京津高端科研人才，密切京津冀科技协同，与京津和国家科研院所、大专院校开展紧密合作，围绕蔬菜、水果等特色产业，全省已组建 36 个院士工作站和 20 个京津科技成果转化基地，促进了新技术、新品种、新装备、新工艺的引进、示范、推广和转化。省农业农村厅与中国蔬菜协会合作，在饶阳建立了中国北方冬季设施蔬菜新品种测试基地，当年引进测试全国各地新品种 1230 多个。测试基地开展的有机肥替代、水肥一体化技术和臭氧防控技术示范，为河北省蔬菜科技进步提供了现实样板。

4. 推广适用科技成果

结合国家实施的果菜茶有机肥替代化肥、园艺作物高产高效创建等项目，加强成熟技术的组装配套，推广水肥一体化、农机农艺融合等技术；实施现代林果基地工程，推广树体改造、树下生草种植等技术。在秦皇岛市召开“河北省蔬菜绿色发展新技术观摩交流会”，开展现场培训和科技咨询。编制《河北省蔬菜绿色发展十大技术》，充分发挥苹果、梨、桃、葡萄等 8 个省级果品科技支撑体系专家指导组作用，开展现场指导，举办培训班，组织专家大讲堂，建立示范园，多种方式并举，加强果品技术培训，提升了果农从业素质。

（二）大力促进绿色生产

1. 促进生态栽培

提高蔬菜、果品质量，确保产品安全，必须把好生产“源头关”。省级安排8000万元，作为防虫网、黏虫板、性诱剂等生态防控技术物化补贴，支持蔬菜生产推广病虫害绿色防控、水肥一体、设施土壤连作障碍改良等十大技术，果品生产推广良种苗木、整形修剪、果实套袋、果园生草、节水灌溉、生物防治等技术，通过单项技术、单项措施的组装配套、综合运用，提高作物自身抵御病虫危害能力，减少农药等化学品的使用，为确保瓜菜质量安全提供了重要保障。

2. 示范清洁生产

农田是果蔬生产的“第一车间”，环境清洁既可以阻断病虫传播渠道，也是提高产品卫生品质的关键。在藁城、涿州、平泉、永清、青县等10个县市实施果菜有机肥替代化肥试点县项目，在平泉、威县2个县实施园艺作物绿色高质高效创建县项目，集聚资金、人才和科技等资源，建设规模化示范区12个，辐射面积100余万亩。项目区化肥用量减少1817吨，降低18%；有机肥用量增加3万吨，增长26%；消纳畜禽粪便36万吨，在资源循环利用中显著降低了面源污染。通过增施有机肥，土壤有机质提升0.1个百分点，肥力提升促进了作物抗性的增强，降低了病虫害危害，品质明显提高。藁城区总结的“有机肥＋配方肥”的技术模式，按照“减氮、控磷、调钾”综合技术方案，形成了番茄和黄瓜底施2吨有机肥、分次追施配方肥的可复制、可推广的技术体系；馆陶县形成了“畜禽粪便＋腐熟剂”“有机肥＋配方肥”“作物秸秆＋腐熟剂”“有机肥＋水肥一体化”等4种模式。

3. 建立标准化基地

馆陶、藁城、青县和邢台县，分别建立了3000亩绿色标准生产示范基地，在实施有机肥替代化肥的基础上，实行绿色防控、绿色种植，打造样板，树立典范，提升馆陶黄瓜、藁城黄瓜、青县羊角脆、邢台浆水苹果的品牌知名度和影响力。藁城项目区的产品较非项目区价格高0.2元/公斤，亩增收益3000元。效益的提升，激发了周边农民采用绿色防控技术的热情，起到了明显的示范带动作用。

4. 实施农药减量增效

全省建立农药减量增效量化示范基地135个，示范推广新型高效农药、助剂协同农药减量增效技术、高效植保机械及各类植保新技术，带动全省开展农药减量增效技术推广与应用，示范面积达到31万亩，辐射带动300万亩。项目区内农药平均减量10%以上，防治新技术、新农药和助剂得到广泛认可。

（三）培育区域公用品牌

1. 摸清底数建立名录

传统特色产品注册登记区域公用品牌。省农业农村厅安排专门机构，以县域为单元，以行业协会、优势企业为依托，立足农业资源禀赋和文化传承，加强蔬菜、果品、食用菌等地方特产的收集整理，帮助开展农产品地理标志登记工作。2018年，对张北马铃薯、阳原供佛杏、祁菊花、祁山药予以重点帮扶，开展现场核查、品质鉴评，组织申报材料。全年有5个产品获得国家农产品地理标志登记证书。市场管理部门也积极推动注册地理标志证明商标或开展地理标志产品保护。到2018年底，全省农产品地理标志登记、地理标志证明商标、地理标志产品保护农产品达到71种。

蔬菜类21种：任县高脚白人葱，隆尧人葱，肥乡圆葱；冀州天鹰椒，鸡泽辣椒，望都辣椒；丰润生姜；永清大蒜，永年大蒜；永清胡萝卜，围场胡萝卜；玉田包尖白菜，平乡滏河贡白菜；隆尧泽畔藕，磁县（州）白莲藕，白洋淀莲藕（安新）；南宫韭菜；馆陶黄瓜；隆化越夏西红柿；容城绿芦笋；鹿泉香椿。

瓜果类11种：威县三白西瓜，漫河西瓜（阜城），新乐西瓜；安次甜瓜，乐亭甜瓜，饶阳甜瓜，青县羊角脆；满城草莓，成安草莓，隆化草莓，栾城草莓。

水果类32种：晋州鸭梨，魏县鸭梨，泊头鸭梨，宁晋鸭梨，定州鸭梨；

赵县（州）雪花梨（雪花梨）；赵县雪花梨（梨）；武邑红梨；富岗苹果（内丘），承德国光苹果，石洞彩苹果（怀来），草庙子国光苹果（怀来），阜平苹果，井陉苹果；深州蜜桃，乐亭桃，顺平桃，高碑店黄桃，阜平仙桃；宣化牛奶葡萄，鹿泉葡萄，晋州葡萄，饶阳葡萄；黄骅冬枣，阜平大枣（鲜）；南口供佛杏（阳原），巨鹿串枝红杏；兴隆山楂，清河山楂，晋州山楂；井陉蓝莓；山海关大樱桃。

食用菌类7种：平泉香菇，遵化香菇（鲜），遵化香菇（干），阜平香菇；平泉滑子菇；迁西栗蘑，灵寿金针菇。

上述产品既是特色，又有优势，既有品质保证，又有区域公用品牌意义。根据摸底情况，省农业农村厅组织产地有关部门全面整理，正式出版了《河北省优势特色农产品名录》，在全国发行推介，走在全国前列。做大做强这些地方特产和特色品种，对于传承优秀农业文化遗产、丰富城乡居民“菜篮子”“果盘子”和提高河北省农业竞争力，具有十分重要的意义。

2. 开展特优区创建

与国家级特色农产品优势区创建相衔接，在全国率先启动省级特色农产品优势区创建与认定工作，安排支农资金给予重点支持。经过县级申报、市级推荐、专家评审和省级考核，全省有55个县（市、区）获得省级特色农产品优势区称号，其中蔬菜有9个：鸡泽辣椒，玉田包尖白菜，崇礼彩椒，馆陶黄瓜，永年大蒜，昌黎旱黄瓜，曲周蔬菜（种苗），永清胡萝卜，沽源花椰菜。食用菌类3个：平泉香菇，遵化香菇，迁西栗蘑。瓜果类3个：青县羊角脆甜瓜，满城草莓，清苑西瓜。水果类12个：富岗苹果；晋州鸭梨，魏县鸭梨，泊头鸭梨，赵县雪花梨，威县威梨；怀来葡萄，饶阳设施葡萄；深州蜜桃，乐亭设施桃；黄骅冬枣；清河山楂。当年推荐富岗苹果、晋州鸭梨和怀来葡萄生产区申报第二批“中国特色农产品优势区”，全部入选。

3. 完善品牌服务体系

实施“农产品品牌计划”，打造叫得响的“冀”字号农产品区域公用品牌和企业产品品牌。省级评选出鸡泽辣椒、永年蔬菜、饶阳蔬菜等二十佳农产品区域公用品牌、30个名优农产品区域公用品牌和天下红辣椒、瀑河源食用菌、大司马蔬菜等20个农产品企业品牌，安排专项资金，对进入品牌目录的产品在中央媒体宣传推介给予支持，并统一组织在省内主要媒体集中宣传。全年整合资金3000万元，用于区域公用品牌建设，通过中国国际农交会、中国廊坊农交会、京津冀品牌农产品产销对接等活动扩大影响，促进销售。邢台县举办了“来自太行山的问候——浆水苹果”摄影大赛，鸡泽县建成了辣椒博物馆，有效提升了果蔬农产品知名度。

4. 促进品牌化营销

积极参加品牌农产品创新创意设计大赛，首届活动就征集作品2103件，中央和省内外30多家主流媒体给予广泛报道，仅网站浏览就突破1.2亿次。望都辣椒、邱县红薯等农产品和承德神栗、绿岭果业等企业分别被评为河北省第三届二十大区域公用品牌和二十大农产品企业品牌，“富美”牌韭菜、“馆青”牌黄瓜等5个品牌农产品被评为第16届中国国际农交会金奖产品。

（四）切实加强质量管理

1. 完善标准体系

以质量标准和技术规程为核心竞争力，发挥特色产业技术体系的支撑作用，组织创新团队围绕蔬菜、果品关键环节开展科技攻关，重点加强成熟技术的综合配套集成，形成生产技术规程和产品质量标准。全年制修订省级地方标准66项，农业标准化生产覆盖率达57%，省、市级地方标准和企业标准达到235项，涵盖水果蔬菜农药残留、栽培技术规程、产品分等定级、农业废弃物资源化利用等方面；与河北农科院资环所合作，制定的《农业清洁生产农用堆肥质量要求》地方标准已经发布，为完善有机肥替代化肥提供了技术依据。

2. 推行标准化生产

组织省级蔬菜水果产业体系专家，对现有标准进行通俗化改写，编撰66项瓜菜和50余项果品标准技术手册，塑封后入棚进地，发放到300万亩设施蔬菜和果品生产基地，指导农民全过程、全方位开展标准化生产。示范推广膜下滴灌水肥一体化技术100多万亩，节肥、节药30%以上，病虫害发生率下降50%以上。集成蔬菜育苗“一主七辅”综合配套技术，全年推广面积280万亩；实施番茄“一优二适四配套”综合技术，建立核心示范区110亩，辐射推广面积100万亩。

3. 强化例行检测

对无公害农产品认定产地、非认定产地、交易市场的蔬菜产品进行例行监测，重点开展农药残留的风险评估，严防系统性非法用药等风险。2018年抽样蔬菜主要包括豇豆、菠菜、苦菊、韭菜、莜麦、萝卜、白菜、黄瓜、辣椒、西葫芦、茄子等60多个品种，检测项目为有机磷、有机氯、拟除虫菊酯、氨基甲酸酯等农药共86项重要参数，抽取样品2701个。检测结果显示，质量总体合格率为98.4%。对例行监测发现的产地苗头性问题，全部发函至市县农业农村部门，要求立即安排专人到生产基地进行细致调查，了解具体原因，制订整改措施，反馈实际情况，起到了有效的震慑作用，推动生产者质量责任进一步提高。经过梳理全省发现的各类问题，总体呈现个例性，可以排除系统性风险。

4. 组织监督抽查

4月和9月，开展了两次全省性蔬菜质量监督抽查工作，在全省范围抽检200批次蔬菜样品，检测项目有甲胺磷、氧乐果、甲拌磷、对硫磷、甲基对硫磷、甲基异柳磷、毒死蜱、三唑磷、六六六、涕灭威（包括涕灭威砜、涕灭威亚砜）、灭多威、克百威（包括3－羟基克百威）、氟虫腈，总体合格率为100%。依据监督抽查结果，没有发现违法生产经营不合格产品问题。

5. 加强农药管理

制定印发年度农药监督管理工作实施方案，组织开展春、夏、秋农药打假“三大战役”，围绕蔬菜、果树用药，重点检查是否存在生产销售禁用高毒农药、假劣农药、未取得登记证农药以及标签严重不合格等违法行为。6月举办农产品农残检测技术培训班，就植物源性食品中208种农药及其代谢物残留测定进行专题讲座，进一步提升了市县农产品质量检测能力。全省出动执法人员3.02万人次，检查农药生产经营企业2.55万户，立案查处违法案件152起，查获违法农药2.7吨。组织开展农药市场监督抽查，农药标签合格率达到92.1%，质量合格率达到93.2%，农药市场经营秩序持续向好。统一抽查农药标签7680个，查处不合格标签607个；抽检1158批次，检出不合格样品79批次，责成有关市、县对不合格产品和生产经营主体进行依法查处。联合北京、天津主管部门，下发《2018年京津冀农药管理联防联控工作实施方案》《2018年京津冀地区重点监管农药产品名录》《京津冀地区2018年高风险农药名录》，开展了两次京津冀农药市场联合检查行动，取得很好的社会影响和成效，为农产品质量安全起到保驾护航的作用。

6. 开展“农业质量提升年”行动

在101个县（市、区）开展农产品质量安全县创建活动，在全国率先打造“三级五层”农产品检测体系，开通省级农产品质量安全监管追溯平台。构建蔬菜果品生产精准灌溉、精准施肥、精准用药绿色生产模式，化肥农药用量继续呈现下降趋势。认证的绿色有机农产品达到1138个，农产品抽检合格率为98.75%。经考核验收，创建了29个省级、4个国家级“农产品质量安全县”。建立了7.9万个农资和农产品生产经营主体电子信用档案，1085家生产单位开展追溯试点创建，取得良好效果。

（五）发展新型经营主体

1. 出台激励政策

落实省政府关于做大做强农业产业化龙头企业的意见，坚持全产业链经营理念，“缺什么补什么”，实施延链、补链、强链工程。利用农业产业化资金，每打造一个区域公用品牌、企业领军品牌支持100万元，每打造一个精品园区支持100万~500万元；对新获国家高新技术企业称号的龙头企业、省级产业化集聚区和产业化联合体给予奖补；对获得中国质量奖、提名奖的企业给予奖补；对挂牌上市的企业，除享受原有奖励政策外，再给予50%的奖励。

2. 做强龙头企业

通过政策激励，引导社会资本投资蔬菜果品产业，建基地、育龙头、上加工、强带动，突出发展初加工和精深加工，全省蔬菜果品龙头企业达到264家，加工突破1000万吨，初加工率达到55%，比“十二五”期末提高11个百分点。鸡泽天下红、鸡泽湘君府、曲周河北晨光、万全河北亚雄、晋州长城、泊头东方、内丘富岗等一批蔬菜果品龙头企业进一步成长，一批特色加工聚集区加速形成，河北晨光、河北亚雄等企业成功上市，辣椒色素市场规模占全球市场的70%。龙头企业在推动产品质量安全、促进产业发展和带动农民增收中发挥了主力军作用。

3. 推动合作经营

发挥农民合作组织质量管理主导作用，积极推动专业合作社发展，全省蔬菜果品类农民专业合作社达到2.1万家，规模化园区达到5677个。大力推广“龙头企业+合作社+农户”等形式，指导新型经营主体与农民以订单、务工、股份为纽带建立利益联结关系，促进产业链、价值链相融合，带动农户深度参与特色产业发展。全省蔬菜果品专业合作社辐射带动农民410多万户，户均收入达2.2万元。

（六）积极推动市场销售

1. 组织产销衔接

2018年5月24日至25日，京津冀三地农业监管部门、保定市人民政府，在高碑店市举办了第三届京津冀蔬菜产销对接活动。原农业部和北京、天津、山西、黑龙江、新疆有关部门及新疆建设兵团，中国蔬菜协会、中国农产品市场协会、中国食用菌协会等有关方面负责人出席活动。参加活动人员2000多人，布置7个板块和10项活动，达成销售意向56万吨，签约额13.7亿元。中央和京津冀主流媒体对此进行深入报道，新华社发表了题为《一垄菜的“苗头”——从三届京津冀蔬菜产销对接活动看河北蔬菜供给侧改革》的通讯，对活动也给予积极评价。

2. 开展集中推介

着眼于好产品卖个好价钱，省农业农村厅、省政府农业产业化办公室组织启动“冀在心田，乐享河北——河北品牌农产品万里行活动”，在北京、天津、成都、上海、深圳集中展示宣传，产生良好效果。组织生产加工企业参加中国国际农交会、中国廊坊农交会、上海国际食品展等全国性大型展会；举办京津冀第四届蔬菜食用菌产销对接活动，评选出黄瓜、番茄、草莓等瓜菜安全生产十大菜王；组织参加贫困地区农产品产销对接、京津冀品牌农产品产销对接、河北品牌农产品万里行等活动，组织举办品牌专题推介活动 20 余场次，签订或达成意向订单 42 亿元。

3. 拓宽销售渠道

采用市场化机制，开设“河北省品牌农产品网上商城”，集产品展示、销售、质量追溯、仓储物流等功能于一体，2018 年 9 月 26 日上线运行，组织 1000 多种特色农产品入网销售。与阿里巴巴、京东商城等大型电商密切合作，推动贫困地区特色农产品网上销售。在北京开设“河北农产品展示展销中心”和“河北优质农产品展销中心”，集中展示、销售河北特色优势农产品。

三　果蔬质量安全存在的问题

蔬菜果品等鲜活产品的质量问题，始终是关系消费者身心健康和产业发展的重大问题；确保“舌尖上的安全”的重点与难点，也是鲜活农产品。在河北省，生产方式总体上仍以一家一户生产为主，监管工作具有长期性和复杂性，必须坚持问题导向，不断研判分析形势，找准问题，对症下药。

（一）传统生产方式增加监管难度

除企业和合作社经营的规模化蔬菜、果品生产基地外，分散经营的菜园、果园在一定程度上存在农药等化学品的乱用和滥用问题，且具有分散性和隐蔽性，质量安全监督监管难度较大。少数生产经营主体质量安全意识淡薄，病虫害防治仍倚重化学农药，违规使用化学投入品的情况时有发生，毒死蜱、多菌灵和腐霉利等可用低毒农药残留超标现象出现频次较多，禁用农药克百威和氧乐果等仍有检出，安全间隔期和用量控制等标准化程度较低。肥料使用依然倚重化肥，片面追求产量，导致土壤肥力下降，产品品质变差。个别地方还存在亚硝酸盐和重金属超标隐患。法人组织也因规模小、组织散、约束松等问题，质量内控措施落实不到位。

（二）技术推广遇到新瓶颈

公益性推广机构呈现弱化趋势，特别是在财政支农资金改革中，做大规模和引入现代装备成为主要支持环节，取消农业技术推广专项后，涉及一家一户的生产技术环节，基本没有引导性、示范性、实验性资金。蔬菜、水果都属园艺产业，集劳动密集、资金密集和技术密集于一身，技术风险、自然风险、质量风险和市场风险并存，无论是规模化新兴生产经营主体，还是农户，都不愿意冒着失败风险无偿提供试验示范场所，果蔬新品种、新技术和新机具的展示示范和试验受到严重制约。

（三）基层质检机构作用有待发挥

大部分县级蔬菜质检机构工作场地不足，人员编制较少，专业检测力量缺乏，质检设备简陋，没有资金保障，只能开展20余项农残速测，这其中多种农药已经退出生产领域，因此，存在着检测能力与生产实际不匹配的现象。果品质量安全检测还存在着机构不健全问题，绝大多数果品基地县（市、区）只配备了简单的农药残留速测设备，还没有建立专业检测机构，部分县只能依托省林果桑花质量监督检验管理中心和其他检测机构开展工作。

四　提高果蔬质量安全水平的对策建议

（一）实施科技创新，提升技术水平

着眼创新驱动和科技进步，围绕高质量发展需求，研发推广优质高

效、绿色健康、循环利用种植技术，推广优质抗逆抗病品种，加快研制轻简化新型农机装备，提高蔬菜和果品生产现代科技水平。搭建创新平台，借助京津冀农业科技创新联盟，推动京津冀蔬菜、果树、食用菌协同创新。与中国蔬菜协会合作，加快建设北方（饶阳）设施蔬菜新品种测试基地。创新推广方式。省级现代农业产业技术体系创新团队专家对特色产业重点县开展重点帮扶，开展科技攻关，建设县级科技示范基地。提升企业研发能力，支持蔬菜果品企业建设技术研发中心，开展科技创新和产品研发。

（二）加强基地建设，促进绿色发展

建设绿色种养基地。推进“一县一业、一乡一特、一村一品”发展，率先推动国家级和省级特优区建设高标准核心区，打造绿色发展精品园区，带动适宜区改造提升。加强良种繁育基地建设，提高良种保障能力，切实保护好特色古树、老果园和传统特色品种。推广绿色防控措施，以节肥、节药、节水为重点，实施有机肥替代化肥、测土配方施肥、畜禽粪污资源化利用等项目，建设果菜有机肥替代化肥示范区和病虫害绿色防控示范基地。推行清洁生产，促进蔬菜果品废弃物集中处理资源化利用，切断病虫传播渠道，打造环境整洁有序的第一车间，系好生态防控的“第一粒扣子”。

（三）培育特色品牌，打造蔬果亮丽名片

培育区域公用品牌，打造“冀”字号蔬果产业。开展品牌创新创意设计，举办创新创意设计大赛，推动蔬果品牌形象、包装装潢、广告用语等专业设计与策划，组织“我最喜爱的河北农产品品牌”、区域公用品牌和企业领军品牌评选和“河北品牌节”，讲好农业品牌故事、做好品牌宣传。推动品牌产品进入北京、天津、上海、深圳等一线城市高端市场，继续组织“冀在心田，乐享河北——河北品牌农产品万里行”活动，提高河北优质产品高端市场占有率。发挥北京新发地河北优质农产品展销中心、河北品牌农

产品网上商城等载体的“窗口展示”和品牌推介功能，组织参加北京农业嘉年华、中国国际农交会等大型专业博览会，提高河北省蔬菜果品的品牌影响力。

（四）坚持标准引领，提高产品质量

加大宣传贯彻力度，切实推动标准化生产。在普遍采用国家标准和行业标准的基础上，致力构建突出地域特征的特色产业标准体系，用严格的标准控制，引领打造高端特色蔬果产品。分级分层次开展标准制修订，省级重点围绕大宗蔬菜和果品，制修订产品质量地方标准；设区市和县级重点组织开展区域特色明显的蔬果产品质量标准和绿色生态栽培技术规程等市级地方标准的制修订；选择一批蔬菜水果大型龙头企业，帮助制定企业标准，引导企业依标生产，提高核心竞争力。依托现代农业园区、农业科技园区和特色产业核心区、特色农产品优势区和特色产业精品园区，建立标准化示范区。通过示范引导、现场培训、远程咨询和观摩学习，提高生产者标准化生产技能，实现特色农产品按标生产、达标销售，提高特色农产品品质和品牌辨识度。将特优区果蔬产品纳入省级农产品质量安全追溯平台，实现电子追溯。

（五）延伸产业链条，推动融合发展

统筹各类农业园区建设，坚持全产业链打造、全产业链打穿、全产业链提升，加快建设果蔬加工园区，提高初加工率，积极推进深加工。支持平泉香菇、鸡泽辣椒、昌黎葡萄等蔬果加工聚集区建设，积极谋划再建设培育一批加工聚集区。支持龙头企业研发新工艺，加工新产品，装备特种设备，建设特色加工流水线。蔬果类以初级产品等内品规格化分级、商品化处理设施为主，推动等外品和副产品榨汁、酿造、色素提取、速食品、化妆品等精深加工。支持社会资本围绕蔬菜水果产业，发展关联产业，配套建设专门化产品收储、贮藏保鲜、特色包装、冷链配送设施，形成社会化专业化服务链。

（六）培育新型主体，增强带动能力

做强现有龙头企业，对符合产业政策、有上市前景的龙头企业，给予重点跟踪辅导，推进上市融资。开展农业大招商活动，瞄准世界500强、央企、大型民企集团、京津外迁企业等，加强招商引资，参与河北省蔬菜水果产业发展。推动合作经营发展，重点引导适宜区菜农、果农加入专业合作社。着力提高合作组织“统”的功能，推动合作社“计划统管、物资统供、技术统规、病虫统防、质量统标、品牌统用、商品统销”。生产主体要建立投入品统一采购、统一登记、统一出库制度，实行病虫草统防统治，努力克服生产经营规模小、结构松散、自律约束不严等问题。大力培育蔬菜、果品产业社会化服务组织，开展病虫害统防统治和生产托管等服务，带动普通农户连片种植、规模发展。

（七）坚持依法治农，完善长效机制

要深入普法，要动员县级农业行政主管部门和蔬菜科技工作者、蔬菜技术推广人员、质量检验人员和乡村干部，深入生产一线和集中产区，广泛宣传农产品质量管理和农药管理等法律法规，宣传典型案例查处情况，强化对法律法规规定的灌输，提高生产经营者的责任意识和主体意识。要加强用法，切实落实部门法定职责，依法开展蔬菜、水果产品的例行抽检和监督抽查，做好风险评估，严防影响质量安全的各种“潜规则”，避免出现大范围系统性风险；深入贯彻《农药管理条例》，继续组织农药市场专项整治，巩固农药生产经营持续向好的势头，为蔬菜、水果产品质量安全和绿色生产提供物质保障。要严格执法，加强抽查结果特别是监督抽查结果的运用，对违法生产经营蔬果不合格产品、违法生产经营农药化肥等行为，要依法予以查处；对不作为、乱作为的，应问责追责。要部门联动，充分用好联合工作机制，对生产经营不合格产品涉嫌犯罪的，要坚决移交公安机关处理，切实提高震慑作用，创造良好氛围。

B.3
2018年河北省畜产品质量安全状况分析及对策措施

魏占永　姚　剑　赵志强　孙　红　张梦凡　赵小月*

摘　要： 本文主要从河北省畜产品生产供给能力、畜产品质量安全监管成效、主要畜产品检测结果方面总结概括了2018年河北省畜产品质量安全状况，分析了畜产品安全工作面临的形势，提出了加强畜产品质量安全监管工作的对策措施。

关键词： 畜产品　质量安全　监管措施

2018年，河北省畜产品质量安全监管工作紧紧围绕绿色农业、科技农业、质量农业、品牌农业，深化畜牧业供给侧结构性改革，按照“稳发展、优供给、强监管、保安全、护生态”总体要求，坚持“产”“管”并举，实施质量兴农和标准化发展战略，开展畜产品专项整治，强化风险监测预警，完善准出准入机制，着力构建从投入品到养殖、出栏、屠宰、贮运等全环节畜产品监管“大安全”格局，畜产品质量安全状况保持了稳中向好、稳中向优的态势。

---

* 魏占永，河北省农业农村厅农产品质量安全监管局副调研员，主要从事农产品质量安全监管工作；姚剑，河北省农业农村厅农产品质量安全监管局副局长，主要从事农产品质量安全监管工作；赵志强，河北省农业农村厅农产品质量安全监管局副局长，主要从事农产品质量安全监管工作；孙红，河北省农业农村厅农产品质量安全监管局副调研员；张梦凡，河北省农业农村厅农产品质量安全监管局；赵小月，河北省农业农村厅农产品质量安全监管局科员。

一　全省畜牧业生产基本情况

全省畜产品生产紧紧围绕深化畜牧业供给侧结构性改革这条主线，以“增效、增值、增美、增绿”为着力点，稳定畜产品产量，提高畜牧业质量效益和竞争力，绿色生态畜牧、健康安全畜牧、特色精品畜牧、新型创业畜牧、智慧创新畜牧和奶业振兴取得有效突破。2018 年全省牧业产值 1813.8 亿元，同比增长 4.5%，占农业总产值的 31.8%；肉类总产 466.7 万吨，同比减少 1.3%；禽蛋总产 378 万吨；同比减少 1.5%；奶类总产 391.1 万吨，同比增长 1%。

二　全省畜产品质量安全监管工作成效显著

（一）饲料生产经营管理进一步规范

全省饲料行业围绕饲料生产和饲料质量“两个安全”，做到监管与服务并重，致力于打造良好营商环境，2018 年饲料总产量 1350 万吨，总产值 393 亿元，分别比上年增长 0.37% 和 0.51%。举办全省饲料法规暨安全生产培训班，重点对新颁布的《宠物饲料管理办法》、新修订的《饲料卫生标准》和《饲料添加剂安全使用规范》进行宣贯。组织开展饲料和饲料添加剂专项治理行动，共查处问题企业 45 个，取缔非法企业 9 个，查处违法饲料产品 6 吨，立案调查违规企业 7 个，涉案金额 7.15 万元，处罚金额 9.3 万元，有效净化了饲料市场。

（二）兽药生产经营管理进一步规范

制定《河北省兽用抗菌药使用减量化试点建设实施方案（2018 ~ 2021）》和《河北省兽药安全使用质量管理指导意见》，在全省 25 家大中型畜禽养殖场开展兽用抗菌药使用减量化行动试点，确保全省兽用抗菌药使用量实现“零增长”。稳步实施兽药“二维码”追溯制度，全省140家兽药生产企业全部按要求申请了兽药二维码密钥，并配备了相关设备，使得兽药产品信息及时上传入库，实现所有兽药产品赋二维码出厂、上市销售；全省共有2175家兽药经营企业入网注册，1174家兽药经营企业实现了出入库信息上传，入网运行率达到54%。加强日常监管，全年共下发督办函15件，立案查处生产、经营假劣兽药案件31起，查处假劣兽药2056公斤，涉及兽药生产企业11家，兽药经营企业20家，违法金额8.2万元，罚没款32万元，及时纠正了企业违规行为。

（三）畜牧业绿色发展水平进一步提升

受省政府委托，省农业农村厅代省政府与各市政府签订了畜禽养殖废弃物资源化利用责任书，会同省生态环境厅印发《河北省畜禽养殖废弃物资源化利用工作考核办法（试行）》，联合组成考核组，对各市进行绩效考核。围绕畜禽粪污收集、储运、处理及社会化服务等内容，筛选出可复制、可推广的6种适用治理模式，并在全省推广应用。编印畜禽粪污治理典型画册，为各地粪污资源化利用工作提供典型样板。在40个畜牧养殖大县开展畜禽养殖环境承载能力评估试点工作。根据畜禽规模养殖直联直报信息系统测算，规模养殖场粪污处理设施装备配套率达到86.1%，畜禽粪污综合利用率为74.4%。

（四）畜牧业标准化生产成效显著

组织产业体系专家完成了《河北省优势特色农产品区域布局规划（2018～2020年）》中六大畜种特优产品提质增效推进方案。加快推进畜禽养殖标准化示范场建设，新创建部级示范场10个，有效期内部省级示范场总数达到764个，通过示范引导，带动畜禽养殖场、养殖合作社按标生产，畜牧业进入了稳量、转型、提质的新阶段。稳步推进无公害农产品认定制度改革，建立无公害畜产品认定评审专家库，培训无公害畜产品检查员和内检员378人，全年新认定无公害畜产品产地12个，产地换证8个，198个产品通过认证。

（五）奶业发展秩序进一步规范

全面贯彻落实《国务院办公厅关于推进奶业振兴保障乳品质量安全的意见》，在全国率先建设奶业振兴示范省，起草《河北省奶业振兴规划纲要（2018～2025年）》，2018年12月9日省委第58次常委会审议并原则同意。组织召开智能奶牛场建设培训会和推进会，印发《河北省智能奶牛场建设内容要求》与《河北省智能奶牛场建设验收程序及标准》，以石家庄、唐山、张家口、保定四个奶业大市为重点，在21个奶业大县整县推进智能奶牛场建设，建设智能奶牛场170个。对全省生鲜乳收购许可证和生鲜乳准运证明开展集中排查，共排查生鲜乳收购许可证974个、生鲜乳准运证924个，注销不合格生鲜乳收购许可证7个，全省生鲜乳收购站全部纳入农业农村部生鲜乳收购站管理系统。

（六）畜禽屠宰监管能力明显提升

制定《2018年全省畜禽屠宰监管“提升年”行动实施方案》，生猪屠宰企业标准化建设达标率达到84.5%，屠宰行业转型升级步伐不断加快；全省所有畜禽定点屠宰厂实现了肉品品质检验合格证电子出证，屠宰监管信息化水平进一步提高。完成《河北省畜禽屠宰管理条例（草案）》起草，努力推动河北省畜禽屠宰管理办法上升为条例。持续开展畜禽屠宰监管“利剑行动”、“扫雷行动”和“风暴行动”，有关部门联合印发《关于严厉打击肉制品黑窝点黑作坊的通告》，全省出动执法人员31977人次，立案165起，移交司法处理4起，进一步规范了全省屠宰市场秩序，保障了肉食品消费安全。

（七）病死畜禽无害化处理体系建设稳步推进

全省共建成病死畜禽集中无害化处理厂61个，建成收集点505个，配套运输车辆221台，收集处理体系已覆盖的县（市、区）达到120个，病死畜禽集中无害化处理率达到70%以上，初步形成了以养殖大县、区域中心为辐射点的全省病死畜禽无害化处理与收集体系。2018年全省无害化处理染疫动物956.49万头（只），无害化处理病害动物肉类1694.56吨，分别比2017年增长117%和403%，保障了食品和生态环境安全。全面开展病死猪无害化处理与保险联动工作，2018年全省累计承保育肥猪2240.42万头，实现了养殖户、保险公司、生态环境等多方共赢，有效推动了病死畜禽无害化处理工作。

（八）畜产品安全专项整治行动成效显著

以“两超一非”畜产品为核心，聚焦兽药残留超标、非法添加“瘦肉精”等违禁物质、私屠滥宰、制假售假等突出问题，开展专项整治行动，同时在元旦、春节、中秋、国庆和暑期等重要时间节点开展省级监督检查和专项监测，建立问题隐患清单，实行台账管理，限期销号，防范区域性、系统性风险的发生。2018年全省共行政立案351起，移送公安部门立案处理7起，有效保障了畜牧业的健康发展和畜产品消费安全。

（九）畜产品追溯与信用体系建设取得有效进展

2018年5月正式启用省级农产品质量安全监管追溯平台，建立了追溯试点和信用档案建设与农产品质量安全县验收、食品安全考核挂钩机制，依托省级平台开展追溯试点工作，全省共组织322个畜产品生产单位开展了追溯试点创建，30591个畜牧投入品和畜产品生产经营主体依托省级平台建立了电子信用档案。

三　主要畜产品监测情况

（一）农业农村部畜产品例行监测情况

共从河北省抽检畜产品360批次，检测项目为β－受体激动剂、磺胺类、氟喹诺酮类等参数，检出不合格样品5批次，合格率为98.61%。

（二）省级风险监测和监督抽查情况

完成各类畜产品检测 9676 批次，检测样品主要为猪肉、牛肉、羊肉、鸡肉、禽蛋、生鲜乳及育肥后期的生猪、肉牛、肉羊尿液，检测项目为氟喹诺酮类、磺胺类药物、四环素类、地克珠利、氟苯尼考及其代谢物、金刚烷胺、氯霉素、β－受体激动剂等参数。共检出不合格样品 3 批次，合格率为 99.97%。

（三）市县两级畜产品检测情况

全年共完成风险监测 488931 批次、监督抽查 443006 批次，其中不合格样品 56 批次，合格率为 99.99%。

四　畜产品安全监管形势分析

当前河北省正处在由传统畜牧业向现代畜牧业转型的关键时期，畜牧业生产经营新业态、新方式不断涌现，畜产品安全监管对象外延扩大，但监管基础仍然薄弱，全省畜产品质量安全监管工作与畜牧业发展新形势、新要求相比，一些制约畜产品质量安全的深层次问题并未从根本上解决。一是认识不到位。“安全第一”的观念、“管行业就要管安全”的理念还未牢固树立，产管脱节、检管脱节、监管和执法脱节。二是执法不到位。特别是执法强度不够，执法力度不均衡，各地普遍注重对检疫、兽药饲料等违规行为进行执法，对养殖环节添加使用违禁物质和不执行兽药休药期规定的执法力度明显不足。三是畜牧业标准化生产示范带动作用亟须加强。标准制修订与标准实施尚未同步推进，标准实施以项目带动为主，标准实施的推进手段不够，标准化生产的示范带动作用有限。四是畜产品安全风险依然突出。畜产品生产经营主体小而分散，组织化程度低，质量安全意识不强，加之社会诚信体系不健全，容易出现知法犯法、违规用药等现象，主要表现为：生产经营者自律意识淡薄，违法经营使用兽药和非法添加现象屡禁不止，兽药休药期规定执行不到位，“瘦肉精”等违禁添加物风险较大。

五 强化畜产品安全监管的对策措施

（一）强力推动奶业振兴

以《河北省奶业振兴规划纲要（2019～2025）》实施为契机，认真履行奶业振兴牵头职责，加强与其他部门的统筹协调、协作配合，在政策资金支持、标准制修订、乳制品加工准入、利益联结机制完善等方面形成合力。以四个奶业大市和黑龙港流域为重点，积极开展奶牛家庭牧场试点，全省奶牛家庭牧场数量达到100个。依托奶牛家庭牧场，培育奶农合作组织，完善乳品企业与合作社利益联结机制，推动产加销一体化。实施智能奶牛场建设项目，推进规模养殖向智能化管理转型，建设智能牧场150个，全省智能化奶牛场比例达到55%。分批对全省937个生鲜乳收购站、909辆运输车实行“全覆盖”现场检查，加强对生产婴幼儿乳粉的专用奶牛场管理，继续开展综合执法、专项检查，严格落实“黑名单”监管制度。

（二）强化畜牧投入品监管

按照“属地管理、分级负责”监管原则，加大对饲料生产企业的检查力度，加大对例行监测和群众举报问题的查处力度。开展饲料原料专项整治，严厉打击无证生产饲料和饲料添加剂行为，对问题企业重点监控。抓好《饲料质量安全管理规范》宣贯培训，提升监管能力，督促企业严格落实《饲料质量安全管理规范》。推进兽用抗菌药使用减量化试点建设，每个设区市筛选出1～2家规模养殖场作为2019年省级减量化试点场。加速推进兽药追溯制度建设，力争全省兽药经营环节二维码追溯进销存数据上传率达到90%以上。

（三）规范屠宰企业管理秩序

深入推进屠宰企业标准化建设，新增省级标准化厂10家，提升屠宰行业规模化、机械化、标准化生产水平；切实加大畜禽屠宰监管力度，深入开展畜禽屠宰监管“扫雷行动”和“风暴行动”，严厉打击私屠滥宰、给畜禽注水或注入其他物质等违法行为。完成定点屠宰厂视频追溯系统、水分快速检测系统和非洲猪瘟检测系统建设。开展《河北省畜禽屠宰管理条例》调研，加快推进畜禽屠宰管理立法进程。

（四）提升风险防控能力

围绕“瘦肉精”、兽用抗菌药、生鲜乳、私屠滥宰、非法收购屠宰病死畜禽等重点问题持续开展专项整治行动，保持对违法添加、使用禁用物质行为的高压态势，全面排查风险隐患，集中力量解决兽药残留超标、非法添加使用禁用物质等突出问题。针对风险隐患大、合格率较低的品种实施单项整治行动，完善问题隐患清单制度，确保整治一项管好一项，防范区域性、系统性风险的发生。加强风险监测，扩大监测品种和范围，提高风险监测针对性、实效性和科学性。做好风险监测数据的运用，强化数据风险研判，对检出不合格样品的畜产品生产主体实施重点监控，对风险隐患突出的地区及时发布预警信息并约谈部门和相关企业负责人。针对安全隐患及时开展监督抽查，健全检打联动机制，严肃查处。

（五）强化畜产品追溯体系建设

以检疫证明、追溯卡环、食用农产品合格证和追溯二维码为抓手，加快推进追溯体系建设，扩大追溯应用面和应用率。出台农产品质量安全追溯“六挂钩”机制，通过行政手段调动畜产品生产经营主体实施追溯的积极性。依托省级平台，国家级农安县建设电子追溯试点不少于30个，省级农安县不少于10个，县域内80%的生产经营主体实现可追溯。同时推进特色农产品优势区、现代农业园区产品率先纳入省级农产品质量安全监管追溯平台。健全政府主导、部门联动、区域协同的工作机制，扩大食用农产品合格证使用范围，重点提高生产经营主体的应用率、合格证的开具数量和质量。加强与市场监管部门的追溯工作衔接和沟通协调，以入市索取追溯凭证为手段，建立倒逼机制，推动追溯管理与市场准入相衔接。

B.4

2018年河北省水产品质量安全状况分析及对策

吴凤云　张春旺　滑建坤　卢江河　孙立元*

摘　要： 2018年，河北省农业农村厅认真贯彻落实全国水产品质量安全监管工作会议精神，按照农业农村部“提质增效、减量增收、绿色发展、富裕渔民”的总体部署，突出源头监管和专项整治，大力推进标准化生产，水产养殖业更趋生态健康，渔业资源养护力度不断加大，政策创新引领作用不断凸显，无公害水产品认定和地理标志水产品登记保护工作稳步推进，全省水产品质量安全形势持续向好，没有发生水产品质量安全事件。在省级以上组织的监测中，国家水产苗种、省级水产品质量安全抽检合格率均为100%，国家产地水产品质量安全抽检合格率为98.2%。

关键词： 水产品安全　渔业资源　质量安全监管

2018年，按照农业农村部“提质增效、减量增收、绿色发展、富裕渔民”的总体部署，河北省加快转方式、调结构，大力推进标准化生产，突出源头监管和专项整治，全省生态渔业、绿色渔业、品牌渔业建设持续发

* 吴凤云、张春旺、滑建坤，河北省农产品质量安全监管局工作人员，主要从事农产品质量安全监管工作；卢江河、孙立元，河北省农业农村厅渔业处工作人员，分别从事水产品质量安全监管、水产健康养殖渔业资源养护工作。

力，渔业在水域生态环境治理、农业供给侧结构性改革和保障国民食物安全方面发挥了越来越重要的作用。2018 年全省水产品质量安全形势持续向好，没有发生水产品质量安全事件，在省级以上组织的监测中，国家水产苗种、省级水产品质量安全抽检合格率均为 100%，国家产地水产品质量安全抽检合格率为 98.2%。

一　2018年全省渔业发展概况

2018 年，河北渔业系统按照农业农村部的总体部署，加快转方式调结构促转型，努力提升渔业现代化发展水平，取得良好效果。水产品总产量 109.6152 万吨，其中养殖产量 77.6187 万吨，捕捞产量 31.9965 万吨。渔业经济总产值 264.6 亿元，同比增长 6%，人均年收入 16790 元，同比增长 10.8%。由于开展环境综合整治湖库网箱养殖全部清理，淡水大水面暂停捕捞，河北省 2018 年渔业产量有所下降，但 2018 年水产品价格高位运行，渔业新型业态发展速度加快，其中，旅游导向型休闲渔业产值同比增长 12%，渔业减量不减收，渔民收益有所增加，渔业产出效益进一步提高。

（一）水产养殖业更趋生态健康

一是水产养殖滩涂规划取得阶段性进展。按照农业农村部统一部署，全面启动河北省养殖水域滩涂规划编制工作，科学划定禁养区、限养区和养殖区，明确各地规划编制发布时间节点。衡水市、宽城等 5 个市县已率先出台发布；丰南、曹妃甸等 9 个县（市、区）完成了规划编制，正在按程序征求各方意见或报批；省级、唐山市、沧州市、廊坊市和邯郸市 5 个规划初稿已经完成，其他市县正按计划积极组织编制。二是渔业发展规划布局初步形成。以培育对虾、扇贝、海参、河鲀、梭子蟹、鲆鲽类、中华鳖、冷水鱼等优势特色主导品种为重心，加快养殖生产和品种结构调整，基本形成了“沿海高效型、城市周边休闲型、山坝区生态型”三大养殖生产新格局。三是继续开展农业农村部水产健康养殖示范创建活动，推广生态、健康、高效、环保的养殖模式，扩大辐射带动作用，新创建农业农村部水产健康养殖示范场21家，完成年度任务。累计创建部级水产健康养殖示范场151家，全国渔业健康养殖示范县2个，辐射带动面积超过90万亩。四是现代种业取得新进展。加快渔业种业体系建设。新批准中国对虾、日本对虾、梭鱼、泥鳅等7家省级水产原良种场。河北省自主培育的“永章1号”中华鳖（黄金鳖）新品种通过农业农村部新品种审定。组织制定启用了新版水产苗种生产许可证件，进一步规范许可管理工作。五是疫病害防控工作稳步推进。开展对虾白斑综合征、草鱼出血病等12种重大水生动物疫病专项监测，检验样品500个，检出6种疫病22例阳性，并及时进行应急处置，未发生扩散蔓延或爆发现象。继续组织养殖病害测报，监测面积将近20万亩，及时对15个品种26种病害进行预警。继续组织贝类毒素监测预警，对贝类毒素增高现象进行及时预防和处置。

（二）渔业资源养护力度不断加大

一是做好增殖放流工作。在秦唐沧近海海域和白洋淀、衡水湖、潘大水库等内陆湖库开展水生生物增殖放流，累计放流中国对虾、褐牙鲆、三疣梭子蟹、鲢鱼、鳙鱼、草鱼、青虾、中华鳖、细鳞鱼、池沼公鱼受精卵等10个品种37.5亿单位。6月6日在沧州黄骅市组织开展了国家“放鱼日”同步增殖放流活动。配合农业农村部启动了白洋淀水生生物资源环境调查及渔业生态修复示范活动，并组织了“增殖水生生物，共建美丽雄安”放流活动。二是加强海洋牧场示范区建设。第一批3个国家级海洋牧场示范区人工鱼礁项目建设加快推进，组织编制了第二批4个国家级海洋牧场示范区人工鱼礁项目实施方案，累计在国家级海洋牧场示范区投放人工鱼礁25.95万空方，国家级海洋牧场示范区达到10家，圆满完成年初计划任务。其中，唐山祥云湾国家级海洋牧场示范区已完成建设任务并通过验收。三是推进国家级水产种质资源保护区建设。共建立国家级水产种质资源保护区19

个，其中海洋类保护区5个，保护区总面积约8万公顷，中国对虾、小黄鱼、三疣梭子蟹、褐牙鲆、石鲽、红鳍东方鲀、刺参、魁蚶等20多个品种的渔业资源得到了有效保护。四是强化渔业生态补偿修复工作。全省签订涉渔工程渔业资源补偿协议15份，落实渔业资源修复资金2267.92万元。积极推进雄安新区白洋淀生态修复工作，参加了农业农村部“白洋淀水生生物资源环境调查及渔业生态修复工程示范”项目，对上游入淀河流、上游主要水库开展“淀区及主要流域水生生物栖息环境调查”，为项目示范工程建设及白洋淀水域整治、生态系统修复和雄安新区建设提供技术支撑。

（三）政策创新引领作用不断凸显

研究制定并印发《2018年全省渔业渔政工作要点》、《2018年度河北省渔业油价补贴政策调整资金实施方案》和《2018年省级海洋渔业发展项目实施方案》等政策指导文件，强化渔业油价补贴调整政策落实，对渔业工作重点环节进行支持，极大地促进了河北省现代渔业的发展。印发《渔政执法处罚自由裁量基准和细则》，严格行政执法程序，规范处罚行为，在河北省海洋伏季休渔期间，共查办违规案件152起，移送司法机关51起，渔业“两法衔接”工作实现新突破。

（四）水产品“一品一标”稳步推进

根据农业农村部对无公害农产品认证制度改革要求，河北省2018年下半年启动了无公害农产品认定过渡期的认定工作。印发了《河北省农业厅关于做好无公害农产品认证制度改革过渡期间有关工作的通知》，对省市县职责分工、产地认定与产品认定衔接、产品认定证书的换证、标志使用和证后监管提出了明确要求。建立了由39名专家组成的“无公害农产品认定评审专家库”，分别于9月、12月两次组织专家评审，共有450家单位690个产品符合无公害农产品认定条件，正式颁发认定证书，其中水产品生产单位71家，获证产品125个。在水产品地理标志登记保护上，组织完成了“唐山河鲀”地理标志登记保护工作，顺利通过了中国绿色食品发展中心组织的评审。对218个超市、渔业产品批发市场、农贸市场等经营场所集中开展了蟹类地理标志农产品标志使用专项检查。未发现违法违规使用蟹类地理标志、证书及伪造、冒用标志（含超范围用标）等现象，维护了地理标志农产品的质量和信誉。

二 水产品质量安全检验监测工作状况

2018年，省农业农村厅不断加大抽样检测力度。在对象上，加强对水产健康养殖示范场、无公害水产品认定单位、省级以上水产原良种场以及新型生产经营主体的抽检；在时机上，集中做好重大节日、暑期等重点时段的抽检工作；在类型上，逐步增大风险监测、专项监测的频次和数量，充分发挥监测的服务保障作用。全年重点组织开展了水产苗种、产地水产品的监督抽查，以及贝类产品卫生监测及划型等各项工作。

（一）农业部水产苗种质量安全监督抽查

省农业农村厅配合农业部渔业环境及水产品质量监督检验测试中心（广州）完成了对河北省的水产苗种质量安全监督抽查任务。全年共抽取10个样品，其中对虾苗4个、三疣梭子蟹苗1个、鲢鱼苗1个、鳙鱼苗1个、草鱼苗1个、青鱼苗1个、罗非鱼苗1个，检测参数主要有孔雀石绿、氯霉素、硝基呋喃类代谢物。监测项目全部合格，合格率为100%。

（二）农业部产地水产品质量安全监督抽查

1. 国家产地水产品质量安全监督抽查（异地）

省农业农村厅配合农业部渔业环境及水产品质量监督检验测试中心（广州）完成了对河北省的国家产地水产品质量安全监督抽查任务。全年共抽取110个样品，其中草鱼25个、鲤鱼35个、对虾30个、罗非鱼20个，检测参数主要有孔雀石绿、氯霉素、硝基呋喃类代谢物、喹乙醇、甲基睾酮，共检出2个鲤鱼孔雀石绿不合格，监测合格率为98.2%，对于不合格样品，省农业农村厅认真组织了追溯查处，并对该批次产品全部予以无害化处理，防止了不合格产品流入市场。

2. 国家产地水产品质量安全监督抽查（本地）

按照农业部要求，省农业农村厅完成了对河北省的产地水产品质量安全监督抽查任务。全年共抽取40个样品（草鱼8个、鲤鱼9个、大菱鲆8个、罗非鱼5个、对虾10个），抽样过程严格按文件要求规范操作。检测参数主要有孔雀石绿、氯霉素、硝基呋喃类代谢物、喹乙醇、甲基睾酮。检测结果全部合格，合格率为100%。

（三）海水贝类产品卫生监测及生产区域划型

2018年在秦皇岛市的山海关区、昌黎县和唐山市乐亭县、丰南区4个贝类重点养殖区（县），共抽取样品220个。其中，扇贝样品50个、青蛤样品24个、四角蛤蜊样品28个、文蛤样品24个、毛蚶样品28个、贻贝样品14个、杂色蛤样品52个。所测定的220个贝类样品中，大肠埃希氏菌含量范围为<30~110 MPN/100g，按照大肠埃希氏菌划分生产区，220个样品均为一类生产区；其余指标为：腹泻性贝类毒素均小于0.05MU/g；麻痹性贝类毒素含量在29.4~79.8μg/100g，均未超标；多氯联苯含量均为未检出；镉含量在0.051~1.12mg/kg，均未超标；铅含量在0.009~0.988mg/kg，均未超标；菌落总数在1.8×104~4.2×105cfu/g，均未超标。

根据划型工作规范，全省2018年划型面积为24018.76公顷，均为一类生产区。

（四）省级产地水产品质量安全监督抽查

省水产品质量检验检测站对全省11个地市进行了产地水产品质量安全监督抽查工作，共抽取检测产地水产品样品（含苗种）200个，总体合格率为99%，其中，产地水产品检测品种包括草鱼、鲤鱼、鲫鱼、罗非鱼、对虾、牙鲆、大菱鲆、海参、梭子蟹等9种，共抽检样品174个，合格率为

100%；水产苗种检测品种包括对虾苗种、梭子蟹苗种、牙鲆苗种、大菱鲆苗种、半滑舌鳎苗种 5 种，共抽检样品 26 个，有 2 个不合格，合格率为 92.3%，对于不合格样品，省农业农村厅及时组织追溯查处，落实无害化处理措施，防止了不合格苗种产品流入养殖生产环节。

三 主要做法、工作成效及问题隐患分析

（一）主要做法

2018 年，坚持以解决水产品质量安全突出问题和薄弱环节为重点，坚持专项整治与标准化生产相结合，坚持“产”“管”有机融合，推进标准化健康养殖，加强组织领导和统筹协调，加大水产品质量安全监管执法力度，确保了水产品质量安全。一是狠抓责任落实。积极落实属地管理责任，全面提升水产品质量安全监管水平，各级农（渔）业行政主管部门成立领导小组，明确分工，落实责任，层层抓好工作落实，结合开展“农业质量提升年”活动，印发《2018 年全省农业质量提升年实施方案》，进一步明确了全省水产质量安全监管目标和重点任务，加强分析研判，查摆薄弱环节，提出改进措施，提高监管成效。二是加大监测力度。注重源头监管，主动作为，加大产品的检测频率、数量，实现主要水产品生产过程抽检全覆盖；完善检打联动机制，对检出不合格农产品生产企业实施重点监控，对检测中发现的不合格样品全部进行了溯源处置，涉嫌犯罪的坚决移送公安机关，严厉打击违法犯罪行为。利用全省农产品质量安全交叉督查、农产品质量安全县创建质量安全水平监测、无公害及地理标志用标专项检查、水产养殖执法检查等时机，不断强化风险排查和防范意识。三是强化专项整治。根据 2018 年全省农产品质量安全专项整治工作的安排部署，以“两超一非”专项整治为核心，以工厂化设施水产养殖场和暂养池为重点，集中整治使用孔雀石绿、氯霉素和硝基呋喃类等禁用物质和其他化合物，超范围超限量使用兽药、不遵守兽药休药期规定等违法犯罪行为。通过“两超一非”专项整治，进一

步建立农资和农产品生产经营主体定点联系监管制度，明确监管负责人和监管员，开展定期巡查，完善检查记录和监管档案，形成用制度管质量的常态化监管方式。四是加强宣传培训。各地充分利用食品安全宣传月、农产品质量安全检查督查等时机，加大对“三品一标”、水产品质量安全等宣传力度，积极推进标准化生产、健康养殖技术发展，不断夯实水产品质量安全基础，发放各类宣传资料近 2 万份，组织培训各类人员 2200 人次，进一步强化了养殖单位的质量安全意识，提高了科学用药技术水平，养殖场点进一步规范生产养殖记录，普遍落实了制度上墙及台账记录留存等各项规章制度。

（二）工作成效

通过开展国家产地水产品质量安全异地监督抽查、本省产地水产品质量安全监督抽查和海水贝类卫生监测与划型管理，基本掌握了水产品质量安全总体状况和主要风险隐患，对河北省水产品质量监管工作起到了决策参考、调查评价和科学评估作用，为行政监管和执法工作提供了科学依据，排除或降低了食品质量安全隐患，尽最大可能地避免了水产品质量安全问题的发生，保证了水产养殖和渔业捕捞者的经济利益，为全省渔业持续健康发展起到了保驾护航的作用。

（三）风险隐患及原因分析

随着京津冀协同发展、雄安新区规划建设、冬奥会服务保障等重大战略的实施，居民消费结构快速优化升级，优质高端安全的水产品已成为全社会的共同需求，但养殖生产方式分散落后、监管执法体制不够顺畅、检测队伍力量薄弱、从业人员素质参差不齐等，依然导致水产品质量安全问题时有发生。渔业发展空间被持续挤压、优质品牌产品少，加工流通业发展滞后，产业链条短，附加值低，渔业发展新动能不足，以及养殖结构不合理、资源环境的制约等问题比较突出，成为影响水产品质量安全风险隐患的深层次原因。保障水产品质量安全依然任重道远。

全省每季度召开农产品质量安全风险预警分析会议，分析查找风险点，及时发布农产品质量安全预警信息。水产品质量安全风险隐患的表现形式复杂多样，从总体上看，主要分布在渔业生产环境、水产苗种、渔用投入品、生物毒素、流通运输等多个环节。在养殖生产中影响安全的关键环节一般有4个：环境管理、渔药和其他化学品采购、饲料采购和捕捞。主要风险有药物残留、微生物污染、禁用添加剂、重金属、其他有机物污染等。

（四）存在困难和问题

一是水产养殖生产单位点多面广摊小，基层监管执法机构普遍存在人员少、任务重、经费少、专业知识不强等短板，与当前的水产品质量安全监管执法要求还有一定差距。二是大多基层检测机构人员无编制、待遇低、人员流动性较大。三是大多县（市、区）没有水产品质量检测机构，部分县未将检测经费列入财政预算。

四　2019年工作谋划

2019年，全省渔业系统继续认真贯彻乡村振兴战略，大力推进渔业供给侧结构性改革，积极培育新产业新业态，提高现代化渔业发展水平，实现渔业质量效益同步提升，促进渔业经济保持平稳较快增长。全省水产品总产量控制在105万吨左右，海洋捕捞产量减幅继续保持在5%以上，渔业总产值同比增长5%以上，渔民人均纯收入增长8%以上。加强源头严防、过程严管、风险严控，确保不发生重大水产品质量安全事件。

（一）推进水产养殖绿色发展，加快渔业转型升级

一是进一步优化区域布局，加快养殖水域滩涂规划编制发布，科学划定“三区”，稳定基本养殖面积。二是继续开展水产健康养殖示范创建活动，大力推广生态健康养殖模式，创建提升部级水产健康养殖示范场10个以上，扩大示范辐射带动作用。三是在黄骅市、丰南区开展养殖尾水整县制集中治理试点，集中连片养殖区尾水实现达标排放、零排放或生态循环利用。同时

组织开展工厂化养殖和苗种繁育场提升改造10个，逐步提升养殖基础设施和装备现代化水平。四是推进沿海高效特色渔业产业带建设，支持曹妃甸、黄骅、昌黎、乐亭4个沿海渔业重点县开展绿色养殖引领示范工作，重点培育对虾、扇贝、海参、梭子蟹、河鲀、鲆鲽类等特色品种。

（二）开展渔业资源养护，改善水域生态环境

一是科学开展渔业增殖放流。在渤海海域、雄安新区白洋淀、衡水湖等重点治理水域以及柏坡湖、官厅水库等饮用水源地开展水生生物增殖放流，在提供优质水产品的同时，提高水生生物多样性、保障饮用水源地水质清洁，努力确保河北省年放流量不低于30亿单位。二是加强海洋牧场和水产种质资源保护区建设。推进全省海洋牧场规划编制工作，加强国家级海洋牧场示范区人工鱼礁建设项目管理，加快施工进度，规范人工鱼礁标准化建设与投放，投放10万空方以上，新创建国家级海洋牧场示范区1家以上。加大对白洋淀、衡水湖等6处国家级水产种质资源保护区建设力度，加强对黄颡、青虾、鳜鱼等13个保护品种及其栖息环境的保护，开展渔业资源调查，配套完善保护区基础设施。三是开展水生生物日常监测。自2019年开始，在南水北调、引黄济冀引水河道和湖泊设置水生生物日常监测站点，调查浮游生物、底栖生物、游泳动物（包括虾、蟹、鱼类）等水生生物组成和分布的时空变化，分析生物资源群落结构及其区系特征，筛查入侵物种，并协助地方政府进行应急处置。

（二）加大监管监测力度，确保质量安全

以规范养殖生产记录、渔药饲料及饲料添加剂的使用为检查重点，落实生产单位主体责任，强化日常监管，加强痕迹化管理。加强检验检测力度，完成农业农村部、省本级下达的各项抽样监测任务，产地水产品质量安全监测合格率不低于全国平均水平，不合格样品追溯率达到100%。坚持问题导向，围绕水产养殖环节“两超一非”等突出问题，继续开展专项整治行动，严把投入品使用关，深入推进检打联动和综合执法，严厉打击违法违规行为。

（四）加强证后监管，强化水产品地理标志培育

加快推进无公害农产品认证制度改革，推动无公害农产品转化和提升，推进实施食用农产品合格证制度，强化生产经营者主体责任，鼓励和支持具备条件的无公害农产品生产主体发展绿色食品和有机农产品。对已认定的有效期内的无公害水产品，继续加强日常监管、检验检测，维护其质量和品牌公信力。在农产品地理标志登记保护工作上，进一步挖掘有地域特色的水产品申请地理标志登记，加强审核把关和质量管理，认真做好标志使用专项检查、品牌宣传、市场推广以及中国绿色食品发展中心赋予的各项工作任务。

B.5

2018年河北省果品质量安全状况分析及对策研究

杜艳敏　王　琳　王海荣　曹彦卫*

摘　要： 2018年，河北省围绕果品提质增效，大力推进果品产业供给侧结构性调整，推广无公害标准化生产，加强果品质量安全监管，建立健全检验检测体系，提升果品质量服务保障水平，全省果品质量安全工作稳步推进。通过对河北省主产和市场主销的31类果品的质量安全监测情况进行分析，2018年果品质量安全整体情况较好，检测合格率为99.72%，但仍然存在农药残留超标、农药检出率较高、果农质量安全意识有待进一步提高等问题。针对存在的问题，本文提出了相应的对策举措。

关键词： 果品　质量安全　监测

一　河北省果品质量安全监管工作开展情况

2018年，全省果品工作围绕促进果品产业高质量发展，立足发挥农

* 杜艳敏，河北省林业和草原局政策法规与林业改革发展处调研员，主要从事果品生产经营监管工作；王琳，河北省林业和草原局政策法规与林业改革发展处副主任科员，主要从事果品生产经营监管工作；王海荣，河北省林业和草原局林果桑花质量监督检验管理中心林业高级工程师，主要研究林果检测；曹彦卫，河北省林业和草原局林果桑花质量监督检验管理中心高级质量工程师，中国农业科学院食品安全方向农业推广硕士，主要研究果品质量安全与检测。

特优产品优势，开展果品产业供给侧结构性调整，大力推进果品产业基地建设，提高果品产业化规模化经营水平，不断提升果品质量安全检测能力，推动全省果品产业发展取得新成效，全年没有发生果品质量安全事件。

（一）积极开展果品提质增效工作

面对经济发展新常态，河北省积极转变发展思路，深入推进果品业供给侧结构性改革，实现果品产业由产量大省向质量强省转变。省林业厅与省农业农村厅联合印发了《河北省特色优势农产品区域布局规划（2018～2020年）》和《河北省特优农产品提质增效实施方案》，并成立了由大专院校、科研推广单位专家、市县技术人员参加的8个专家技术指导组，组建河北省果品科技支撑体系，通过完善果品相关标准和生产技术规程制修订、推广普及标准化生产、落实无公害生产措施、提升果农素质等方式，大力推进苹果、梨、葡萄、桃、核桃、板栗、枣、仁用杏“八大优势树种”提质增效。全年共完成果品高标准基地建设108万亩，完成结构调整和树体改造149万亩，实现了全省果品产业高效、安全发展。

（二）着力加强果品质量安全监管

强化果品安全保障，制定《果品质量安全专项监测方案》《果品质量安全风险防控化解方案》，成立了果品质量安全监管领导小组，下设办公室和投入品监管组、质量安全检测组、标准化组、技术推广组4个工作组，制定了《河北省果品质量安全工作考核评价办法》和详细的评价标准，切实加强了对全省果品质量安全工作的组织领导、统筹协调和监督管理。制定了《关于切实做好春节及全国两会期间果品质量安全监管工作的通知》等文件，在全省集中开展果品质量安全风险隐患大排查大整治工作，并重点抓好2018年春节、全国“两会”、暑期、中秋节、国庆节等重要节点果品质量安全监管工作，完成对全省11个设区市及定州市、辛集市的年度果品质量安全考核工作。

（三）切实保障冬奥会餐饮食品安全

针对冬奥会食品安全保障工作，河北省林业厅积极配合省商务厅，参与制定了《2022年冬奥会和冬残奥会河北省区域餐饮食材备选基地、供应商推荐工作方案》、《2022年冬奥会和冬残奥会河北省区域餐饮食材备选地、供应商首批推荐现场考察参考内控标准》和《河北供奥果品基地准入条件》，遴选推荐了5名河北省冬奥会餐饮食材领域林果方面的专家，目前已经完成了对各市推荐的“北京2022年冬奥会和冬残奥会河北省区域备选食材基地、食品供应商”的实地勘验工作，并已形成推荐名录。

（四）扎实开展果品质量安全监测

一是超额完成年度例行监测任务。2018年共完成果品质量安全例行监测2125批次，是年度目标任务的106.2%，合格率达99.8%，抽检县（市、区）覆盖率超过90%。同时，按照省政府暑期安保部署，根据《2018年果品质量安全暑期专项监测方案》，6~8月以秦皇岛、唐山、廊坊三市作为重点监测地区，共检测480批次，合格率为100%。二是建立健全果品质量安全追溯体系。2018年争取果品质量安全追溯体系项目投资600万元，重点加强省林果桑花质量监督检验管理中心能力建设，对现有仪器设备和实验室进行改造提升。同时探索推进果品追溯体系建设，努力构建以“质量安全追溯系统信息平台、生产者（基地）全过程生产记录、林业部门检测监管、消费者信息查询”等为重点的从“果园到餐桌”的果品质量安全追溯体系。三是全面提升检验检测能力。省林果桑花产品质量监督检验管理中心顺利通过国家实验室CNAS认可复评审，并通过了省质监局组织的飞行检查，标志着河北省林果桑花产品质检体系符合要求且运行良好。同时，开展了风险监测分析方法的创新工作，在原有例行监测27项农药残留基础上，将监测范围扩大至80多种，使用气相色谱串三重四极串联质谱和液相色谱三重四极串联质谱仪器技术，替代原有单纯的气相、液相色谱技术，全省果品质量安全监测技术实现了新突破。

（五）组织开展灾后生产自救

针对2018年4~7月果品主产区频遭晚霜、雨雪和冰雹等自然灾害的现象，河北省林业厅及时下发《果树灾后管理技术要点》《果树雹灾后补救措施》，指导灾区搞好生产自救，同时组织河北农业大学、省林业有害生物防治检疫站、省林业科学研究院等单位知名果树专家组成多支技术服务队，分赴重灾区，指导果树主产区果农开展灾后生产自救。通过实施人工辅助授粉、喷施微量元素及防菌剂、加强土肥水管理、及时修剪和清园等综合措施，积极保花保果，及时复壮树势，抑制因冻害引发的病害，最大限度地减少冻害对果品生产造成的损失。

二　果品质量安全状况及分析

2018年河北省林果桑花质量监督检验管理中心对全省11个设区市和定州市、辛集市的果品生产基地和市场进行了抽样监测。

（一）基本情况

2018年共抽样检测样品2125批次，合格样品2119批次，合格率为99.72%，其中市场（包括超市、农贸市场、批发市场）抽检793批次，合格果品787批次，合格率为99.24%；生产基地抽检1332批次，合格果品1332批次，合格率为100%。

监测范围包括全省11个设区市和2个直管县的果品生产基地和市场。抽检样品以当地主产、主销品种为主。监测项目包括甲胺磷、对硫磷、氟氯氰菊酯、氰戊菊酯等27种农药残留。监测时间为2018年1~12月，以河北省大宗果品集中成熟期为主，兼顾元旦、春节、中秋、国庆等重点时段。监测果品种类涉及河北省主产和市场主销的苹果、梨、桃、葡萄、柑橘类等

31类果品。在6~8月暑期，重点监测秦皇岛市、唐山市、廊坊市三市生产基地主栽品种和市场主销品种，兼顾其他市主产品种，共监测855批次，合格855批次，合格率为100%。2018年果品监测结果见表1。

表1　2018年果品监测结果一览

序号	产品名称	抽检批次	不合格批次	合格率(%)
1	苹　果	398	0	100.00
2	梨	386	0	100.00
3	桃	300	0	100.00
4	葡　萄	267	0	100.00
5	柑橘类	199	6	96.98
6	核　桃	81	0	100.00
7	板　栗	61	0	100.00
8	枣	55	0	100.00
9	火龙果	54	0	100.00
10	杧　果	49	0	100.00
11	樱　桃	48	0	100.00
12	香　蕉	39	0	100.00
13	山　楂	38	0	100.00
14	李　子	34	0	100.00
15	猕猴桃	32	0	100.00
16	菠　萝	22	0	100.00
17	木　瓜	16	0	100.00
18	杏	7	0	100.00
19	百香果	6	0	100.00
20	柿　子	6	0	100.00
21	桂　圆	5	0	100.00
22	山　竹	5	0	100.00
23	荔　枝	4	0	100.00
24	石　榴	4	0	100.00
25	牛油果	3	0	100.00
26	海　棠	1	0	100.00

续表

序号	产品名称	抽检批次	不合格批次	合格率(%)
27	莲　雾	1	0	100.00
28	榴　梿	1	0	100.00
29	枇　杷	1	0	100.00
30	人参果	1	0	100.00
31	蛇皮果	1	0	100.00
合计		2125	6	99.72

（二）监测结果分析

从监测品种看：2018年抽样检测的2125批次31类果品中，柑橘类6批次存在农药残留超标问题，包括橙子4批次、柠檬1批次、金橘1批次，主要为杀扑磷和联苯菊酯超标。其中共有1批次橙子样品检出联苯菊酯和杀扑磷超标，其余5批次样品检出杀扑磷超标。其他30类果品全部合格。

从监测指标看：除联苯菊酯、杀扑磷两种农药残留超标外，其他所监测的25种农药残留均合格，其中氯氟氰菊酯、三唑酮、氯氰菊酯、毒死蜱、甲氰菊酯等农药多次检出，但不超标。

从不合格产品分布来看：6批次不合格产品均为超市销售品种，生产基地品种全部合格。

（三）主要成效和问题

从监测结果来看，2018年果品质量安全整体情况较好，检测合格率为99.72%，较2017年的99.68%有所提高。抽检的超标果品均为市场销售品种，河北省生产基地自产品种抽检全部合格。

通过监测发现以下几个主要问题。

（1）市场流通果品中柑橘类监测出农药残留超标，特别是橙子，4批次检出超标。柠檬、金橘各1批次。

（2）苹果、桃、梨、枣、葡萄、山楂等果品中农药检出率较高，存在一定的农药残留质量安全隐患。

(3) 个别果农质量安全意识还有待加强，在果品生产过程中，用药方面只追求杀虫效果和产量而忽视质量安全。

(4) 个别果农对果品安全生产技术掌握不全面，合理用药、安全间隔期等技术还需加强推广普及。

三 2019年重点工作安排

（一）推进无公害标准化生产

大力推广树体改造和树形改良技术，积极推广省力高效栽培等现代新模式。加强生产投入品源头管理，推行增施有机肥、生草栽培、测土平衡施肥，提高土壤有机质含量；推行生物、物理、化学防治相结合的综合措施，大力推广安全间隔期用药技术，实现病虫无公害防控，最大限度地减少农药残留。2019 年新增高标准果品（干果）生产基地 5 万亩，完成结构调整和树体改造 5 万亩。

（二）做好食用林产品质量安全例行监测工作

继续将食用林产品特色县、重点县，经济林种植大户、龙头企业、专业合作社以及上年度不合格率、农残检出率较高的品种作为监测重点，兼顾非重点县、非主栽品种、外省林产品，做到生产基地、市场、企业全覆盖。及时发布林业简报，严格遵守全省监测工作进度安排，分阶段、分批次及时汇总、分析、上报检测数据和监测结果。

（三）加快省级食用林产品质量安全追溯信息服务平台建设

加强河北省林果桑花质量监督检验管理中心和河北省林业信息中心的协调联动，加快移动互联网技术在林产品质量安全监管体系和追溯体系中的应用，尽快构建省级食用林产品质量安全追溯信息服务平台，免费向社会提供果品产地环境、主要农事生产活动、生产投入品使用、质量检验报告等信息查询服务。采取请进来、送出去和岗位练兵等多种形式，加强检测人员业务培训，不断提升检测人员业务技术素质和胜任工作能力，提高检测水平，保质保量按期完成检测任务。

B.6

河北省食品相关产品质量安全状况分析报告

芦保华　刘金鹏*

摘　要： 2018年，河北省质量监管部门对食品相关产品加大了抽查力度，加强监督抽查和风险监测，保障食品相关产品质量安全，促进产业升级，食品相关产品产业状况发展良好，产品监督抽查总体合格率为97.4%。不合格产品涉及复合膜袋、非复合膜袋、编织袋三类产品。不合格项目：复合膜袋溶剂残留量、剥离力不合格；非复合膜袋提吊试验、标识、脱色试验不合格；塑料编织袋剥离力不合格。

关键词： 监督抽查　风险监测　合格率

食品相关产品作为食品的外包装物，是食品安全整个链条中的重要组成部分，与使用者的身体健康、日常生活紧密相连。2018年相关监管部门从维护生命安全、产品安全出发，对食品相关产品加大监督抽查力度，加强监督抽查和风险监测，保障食品相关产品行业质量安全，促进产业升级、发展。

---

* 芦保华，河北省市场监督管理局，主要从事食品相关产品质量监管工作；刘金鹏，河北省环保产品质量监督检验研究院，主要从事产品质量检测工作。

一　基本概况

（一）河北省发证企业情况

截至2018年底，河北省发证企业数量为908家，根据资源禀赋和传统产业发展，发证企业产品主要集中在塑料和纸制产品上，其中塑料包装企业790家，纸包装企业70家，餐具洗涤剂企业35家，工业和商用电热食品加工设备企业13家。

根据各省份发证企业数量统计，河北省发证企业数量在全国31个省区市中排名第6，所占比例为4.90%（见图1）。广东省企业数量约是河北省的4倍，浙江、山东、江苏企业的数量是河北省的1~3倍，河北省和四川、安徽的企业数量基本在一个水平。

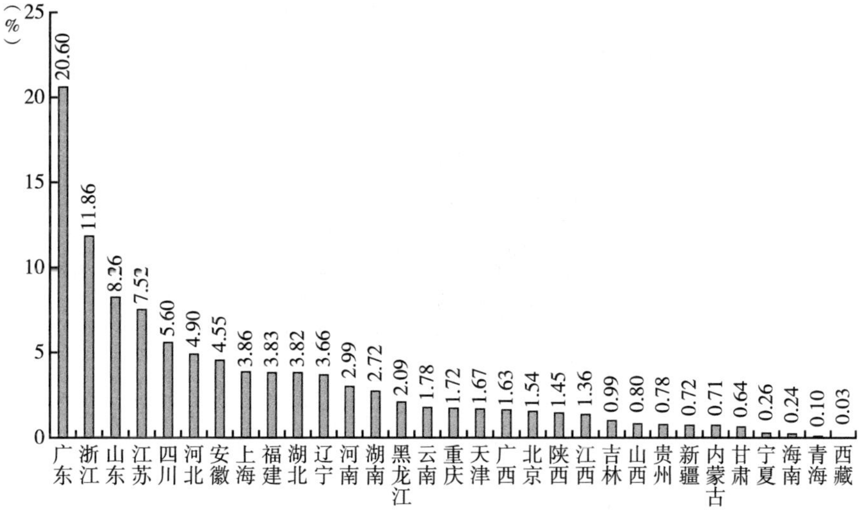

图1　河北省发证企业数量在全国占比情况

（二）发证企业地域分布情况

河北省食品相关产品发证企业分布在各设区市及直管县，其中以沧州、石家庄、雄安新区、廊坊四个地区最多，定州、辛集、承德、张家口地区企业较少。区域集中性较为明显，其中深泽县是餐具洗涤剂产品集中地，雄安新区和东光县是复合膜袋产品集中地，玉田县是容器产品集中地，纸包装及制品主要集中在保定、雄安新区、廊坊，电热食品加工设备主要集中在石家庄、唐山、邯郸。

各市情况：石家庄涵盖各类产品，其中餐具洗涤剂较为集中；雄安新区以复合膜袋、非复合膜袋、纸包装为主；沧州以复合膜袋、非复合膜袋、工具、容器为主，集中于东光县、沧县；保定以复合膜袋、非复合膜袋为主；廊坊以塑料工具和容器为主，集中于永清；唐山以容器为主，集中在玉田县；衡水以复合膜袋、工具为主；邢台以复合膜为主，集中在隆尧；邯郸以编织袋为主，集中于大名、魏县；秦皇岛以复合膜袋、容器为主，集中于市区；承德、张家口、定州以容器为主，数量较少；辛集主要产品是编织袋。各地市企业数量占比详见图2。

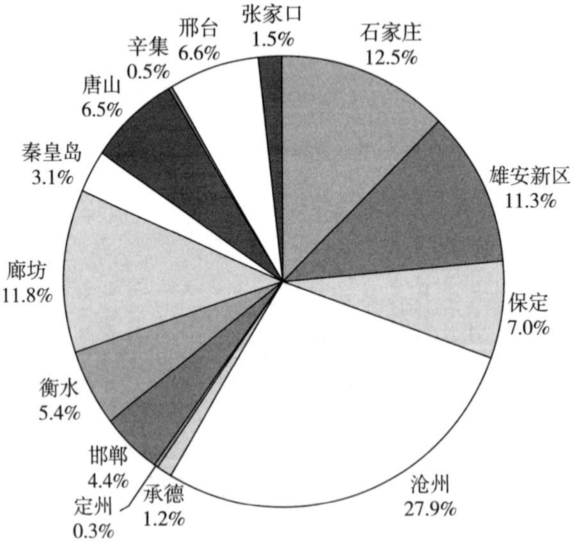

图2 河北省各地市发证情况

雄安新区企业由于不能适应新的产业政策要求，因此在逐步外迁，其中省内主要搬迁到衡水的阜城、固城两地，下一步衡水市发证企业将会呈现快速增长态势。其他地区企业增长较平稳。

（三）未纳入生产许可的食品相关产品行业基本情况

日用陶瓷制品主要集中在唐山、邯郸地区，据抽查统计有60余家。唐山作为河北最大的陶瓷产业基地，拥有陶瓷生产加工企业近百家，并且是高档陶瓷——骨质瓷的生产集中地，日用陶瓷产品生产企业占比很小，规模大的企业以出口和商超产品为主，规模小的企业主要供应批发市场、农贸市场等。

玻璃制品生产企业以生产酒瓶为主，在近两年的抽查统计中全省有10余家，分布在石家庄、辛集、沧州、廊坊、衡水等地，企业规模较大。

金属制品食品相关产品主要为金属罐，给养元饮品、露露杏仁露等食品企业提供配套包装，企业数量少、产品单一，一般建在食品厂附近，主要产品有石家庄晋州、廊坊、衡水、承德地区的马口铁罐和秦皇岛地区的铝易拉盖。

食品加工机械企业数量近几年也在逐步增加，主要产品有唐山玉田县的和面机、压面机，保定涞源县的铜锅，石家庄的面食加工机等，企业规模都比较小。

（四）企业规模基本情况

依据国家统计局《统计上大中小微型企业划分办法》中对企业规模的划分要求，全省食品相关产品发证企业中，没有大型企业，中型企业1家，小型企业785家，微型企业122家。企业规模划分和占比详见表1和图3。

表1　企业规模划分

行业名称	指标名称	单位	大型	中型	小型	微型
工业	从业人员（X）	人	X≥1000	300≤X＜1000	20≤X＜300	X＜20
	营业收入（Y）	万元	Y≥40000	2000≤Y＜40000	300≤Y＜2000	Y＜300

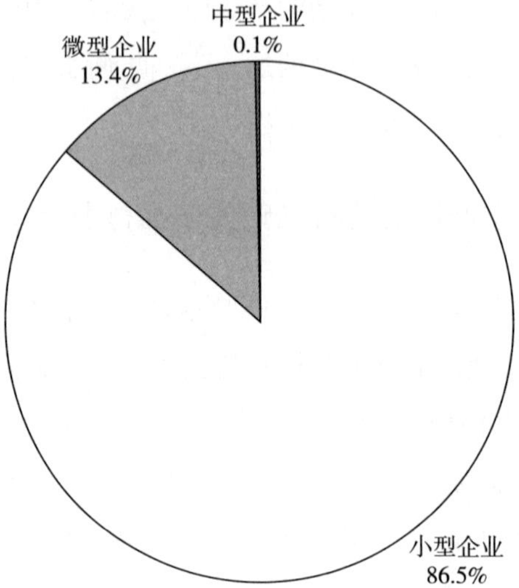

图 3　企业规模占比情况

（五）产业发展状况

河北省食品相关产品连续 3 年处于稳步向上发展的良好局面。在经济下行压力大、行业经营困难的情况下，河北省 2018 年发证企业数量处于上升状态，生产企业同期增长了 10% 左右，产业发展状态良好。

由于食品相关产品行业结构的特殊性，90% 以上食品相关产品不对消费者，而是直接与食品企业对接，由于食品相关产品的行业发展主要模式为订单式生产，不存在产能过剩，与需求者供需基本处于平衡状态，不存在存量过多的情况，因此食品相关产业发展相对稳定。

从企业发展数量上看，河北省食品相关产品行业发展速度较快，但从产业发展的规模和产值上看，基本上没有在全国数得着的龙头企业，包装企业年产值超过亿元的企业有 20 余家，不到 3%，最大规模的年产值没超过 3 亿元，有些大企业还是总部在外埠的子公司，有些市县食品工业很发达但食品相关产业处于空白。

从企业生产技术和产品上看，河北省和先进省份比，绝大多数是中小企业，群体大规模小，管理粗放，工艺落后，设备陈旧，从业人员素质低，质量保障基础弱、能力差，产品附加值和科技含量低，市场竞争力和占有率不高，产业处于中低端，面向的市场也处于中低端等。

二 产品质量安全状况

（一）监督抽查情况

1. 抽样情况

2018 年全年监督抽查产品 12 种、744 批次，涉及 559 家企业。产品包括复合膜袋、非复合膜袋、塑料容器、塑料工具、编织袋、餐具洗涤剂、电热食品加工设备、金属罐、纸制品、日用陶瓷、塑料片材、玻璃制品。其中，实行生产许可证管理的产品 9 种、非生产许可证管理的产品 3 种。产品抽查比例见图 4。

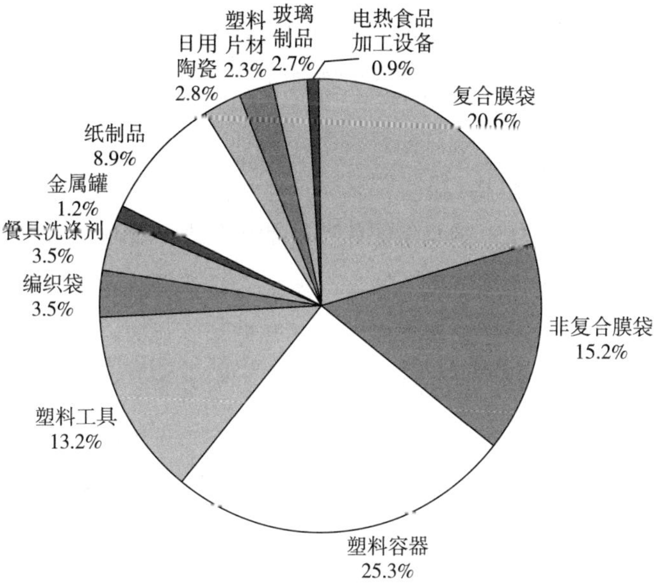

图 4 抽查产品比例

2. 数据统计

2018 年监督抽查的 744 批次样品中，19 批次样品不合格，不合格率为 2.6%。各类产品合格率情况如表 2 所示。

表 2　产品不合格率情况

产品 / 检出率	复合膜袋	非复合膜袋	塑料包装容器	塑料工具	塑料编织袋	餐具洗涤剂	金属制品	纸制品	日用陶瓷	片材	玻璃制品	电热食品加工设备	合计
检测批次	153	113	188	98	26	26	9	66	21	17	20	7	744
不合格批次	10	4	0	0	5	0	0	0	0	0	0	0	19
不合格率（%）	6.5	3.5	0	0	19.2	0	0	0	0	0	0	0	2.6

监督抽查不合格产品涉及复合膜袋、非复合膜袋、编织袋三类产品。不合格项目：复合膜袋溶剂残留量、剥离力不合格；非复合膜袋提吊试验、标识、脱色试验不合格；塑料编织袋剥离力不合格。

3. 数据对比

（1）近 5 年数据对比

2014 年合格率为 96.6%；2015 年合格率为 98.2%；2016 年合格率为 96.6%；2017 年合格率为 98.4%；2018 年合格率为 97.4%，详见图 5。

a. 复合膜袋。2014 年第四季度不合格率为 7.3%；2015 年第二季度不合格率为 4.3%，第四季度不合格率为 2.7%；2016 年第二季度不合格率为 5.3%，第四季度不合格率为 5.1%；2017 年第二季度不合格率为 3.3%，第四季度不合格率为 2.9%；2018 年第二季度不合格率为 7.4%，第四季度不合格率为 6.5%，详见图 6。

b. 非复合膜袋。2014 年第四季度、2015 年无不合格；2016 年第一季度

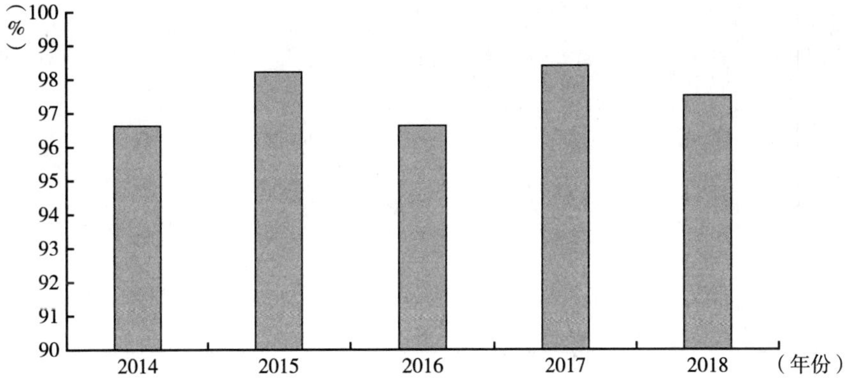

图 5　近 5 年合格率对比

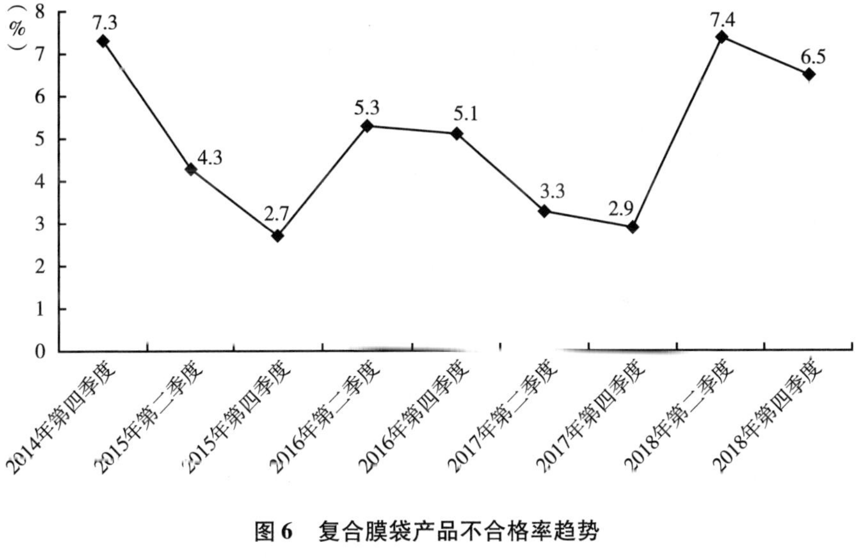

图 6　复合膜袋产品不合格率趋势

不合格率为 7.1%，第三季度不合格率为 3.3%；2017 年第一季度不合格率为 5.0%，第三季度无不合格；2018 年第一季度不合格率为 2.2%，第三季度不合格率为 4.7%，详见图 7。

c. 塑料容器。2014 年第四季度无不合格；2015 年第二季度不合格率为 1.2%，第四季度无不合格；2016 年第二季度不合格率为 7.1%，第四季度不合格率为 1.3%；2017 年、2018 年无不合格，详见图 8。

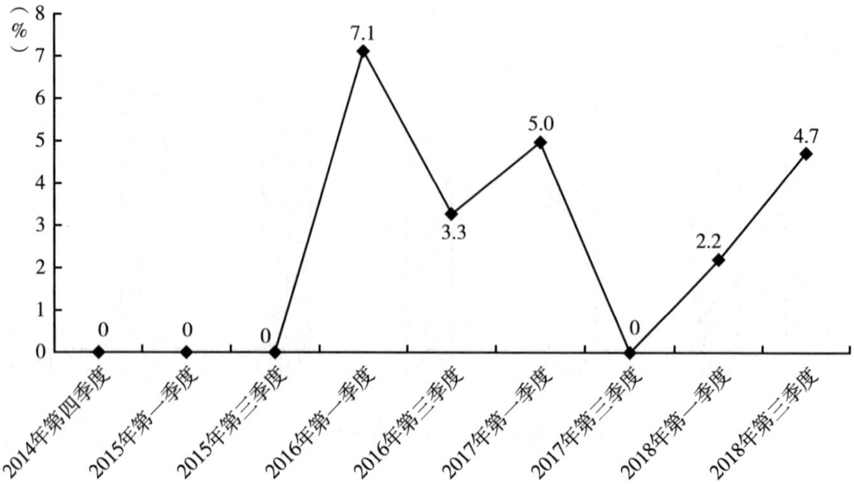

图 7　非复合膜袋产品不合格率趋势

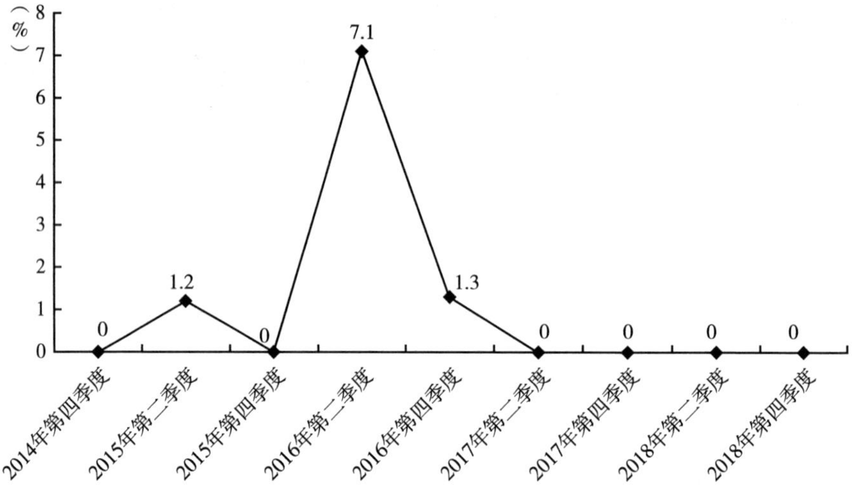

图 8　塑料容器产品不合格率趋势

d. 塑料工具。2014 年第四季度无不合格；2015 年第一季度无不合格，第三季度不合格率为 1.4%；2016 年第一季度不合格率为 3.6%，第三季度无不合格；2017 年、2018 年无不合格，详见图 9。

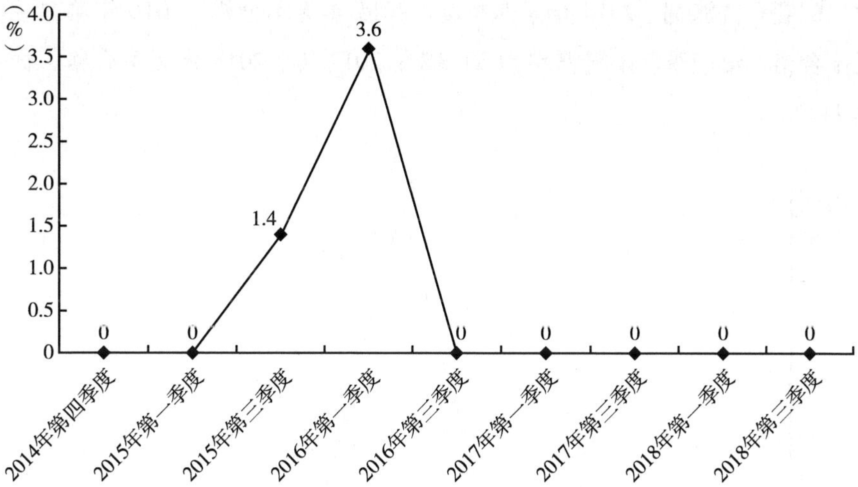

图 9　塑料工具产品不合格率趋势

e. 纸制品。2014 年第四季度无不合格；2015 年第二季度不合格率为 9.3%，第四季度不合格率为 2.4%；2016 年第二季度无不合格，第四季度不合格率为 3.4%；2017 年第二季度不合格率为 5.0%，第四季度无不合格；2018 年无不合格，详见图 10。

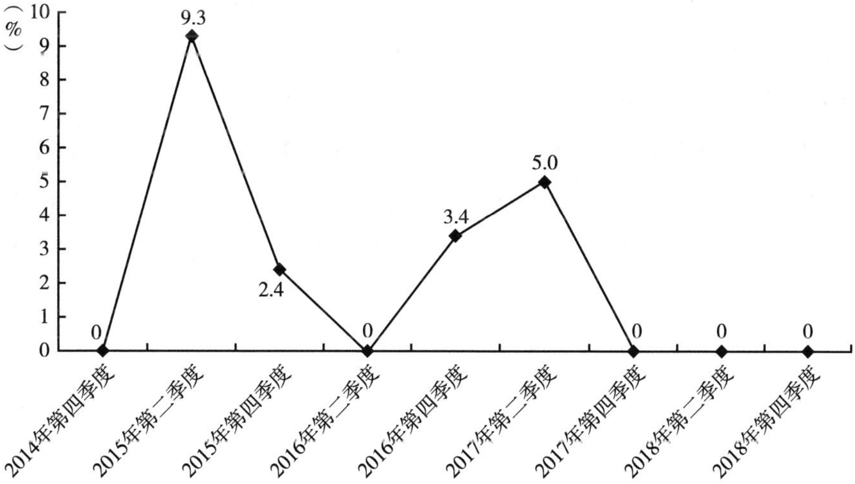

图 10　纸制品产品不合格率趋势

f. 餐具洗涤剂。2014 年第四季度、2015 年无不合格；2016 年第二季度无不合格，第四季度不合格率为 33.3%；2017 年、2018 年无不合格，详见图 11。

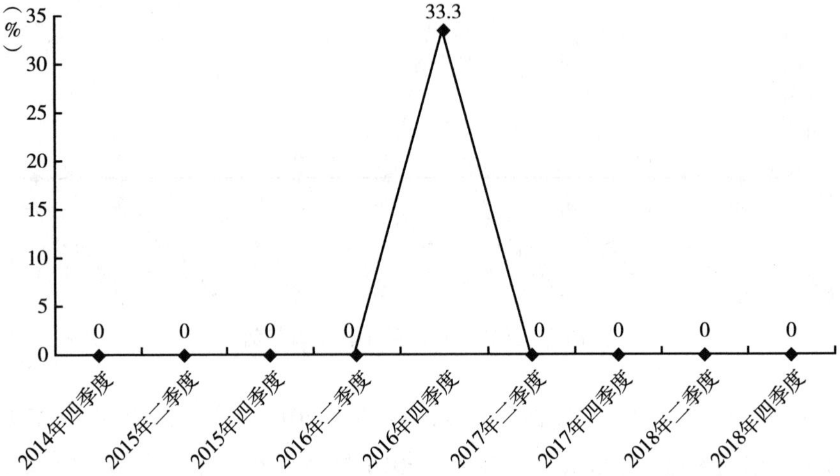

图 11　餐具洗涤剂产品不合格率趋势

g. 塑料编织袋。2014 年第四季度、2015 年、2016 年无不合格；2017 年第二季度无不合格，第四季度不合格率为 13.3%，2018 年第二季度不合格率为 33.3%，第四季度不合格率为 7.1%，详见图 12。

从连续五年抽检结果可以看出，整体合格率波动较小，且近五年河北省抽查合格率都在 96% 以上，全省食品相关产品质量良好。从每类产品的合格率走势看，复合膜袋产品近五年都有不合格产品，属于高风险产品；非复合膜袋产品在 2015 ~2018 年产品质量波动较大，有较高风险；纸制品、塑料容器、塑料工具、餐具洗涤剂四类产品在 2017 年以后合格率稳步提升，没有出现不合格产品；塑料编织袋产品近两年呈现不合格率抬头趋势，需重点关注。

塑料片材、玻璃制品、日用陶瓷、金属罐四类在历年省级监督抽查中未出现过不合格产品，质量状况良好。

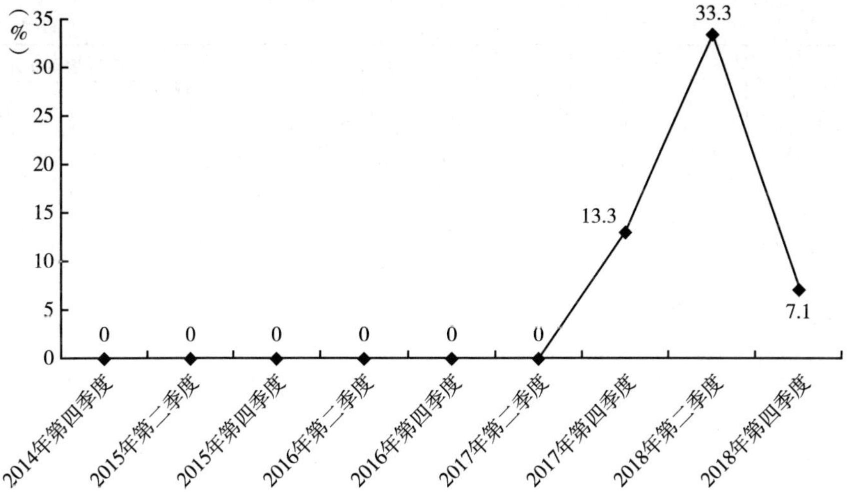

图 12　塑料编织袋产品不合格率趋势

（2）地区情况比对

各市不合格情况如表 3 所示。

表 3　各市食品相关产品省级监督抽查总体情况

项目/地区	复合膜袋	非复合膜袋	塑料工具	片材	塑料编织袋	塑料包装容器	纸制品	餐具洗涤剂	日用陶瓷	金属制品	玻璃制品	电热食品加工设备	监督抽查结果		
													监督抽查批次	实物不合格批次	实物不合格率(%)
石家庄	16	29	4	0	2	10	11	15	0	1	3	3	94	0	0
沧　州	36	17	28	9	0	58	7	0	0	0	9	1	165	5	3.0
保　定	4	5	9	0	0	13	11	1	0	0	0	0	43	1	2.3
雄安新区	30	23	9	2	0	1	12	0	0	0	0	0	77	4	5.2
衡　水	9	4	13	4	1	3	2	0	0	0	1	0	37	1	2.7
廊　坊	14	12	9	2	0	14	9	0	0	1	2	1	64	0	0
唐　山	5	5	0	0	8	28	2	5	19	0	1	1	74	0	0
秦皇岛	18	5	0	0	0	12	1	2	0	5	2	0	45	1	2.2
邢　台	16	11	19	0	5	10	8	0	0	0	0	0	69	3	4.3
邯　郸	0	1	3	0	5	28	3	0	2	2	0	1	45	4	8.9

续表

结果 \ 地区	复合膜袋	非复合膜袋	塑料工具	片材	塑料编织袋	塑料包装容器	纸制品	餐具洗涤剂	日用陶瓷	金属制品	玻璃制品	电热食品加工设备	监督抽查结果		
													监督抽查批次	实物不合格批次	实物不合格率（%）
张家口	5	1	3	0	0	11	0	3	0	0	0	0	23	0	0
辛　集	0	0	0	0	5	0	0	0	0	0	2	0	7	0	0
定　州	0	0	1	0	0	0	0	0	0	0	0	0	1	0	0
合　计	153	113	98	17	26	188	66	26	21	9	20	7	744	19	2.6

从表3中可以看出，邯郸不合格率最高，主要问题是复合膜袋溶剂残留量、剥离力不合格；其次是雄安新区、邢台、沧州、衡水、秦皇岛、保定地区，主要问题是复合膜袋溶剂残留量、剥离力不合格。

（3）监督抽查不合格企业规模分析

2018年监督抽查不合格企业为19家，均为小型企业。从企业规模来看，小型企业产品质量问题较多，由于小型企业规模较小，过程控制投入不足或质量意识不够，容易出现不合格产品；与往年相比，2018年发现5批次塑料编织袋不合格，不合格率呈上升趋势，应引起高度重视；复合膜袋产品不合格率有所上升。

4. 问题分析

（1）复合膜袋

复合膜袋产品不合格项目为溶剂残留量、剥离力和断裂标称应变三个指标。溶剂残留量包括溶剂残留总量及苯类溶剂残留量两项，此次不合格项目为苯类溶剂残留。影响溶剂残留超标的原因较多，其中主要受基材、油墨、干燥设施及条件、印刷速度、黏合剂等的影响。苯类溶剂残留超标原因：一是原辅料中带入的，包括原料膜、油墨、胶黏剂等含有微量的苯类物质；二是生产车间曾经存放过或使用过含苯类溶剂的物品，由于苯类溶剂的沸点高，不容易挥发，长期存在于车间空气中，在生产中会侵入产品中导致检出苯类。剥离力指标不合格意味着复合膜袋的复合牢度不足，在包装食品后会出现复合膜分层现象，降低包装的阻隔效果，易发生外部水、氧、微生物等侵入包装内部导致食品变质或者包装破损等危害。不合格原因：一是复合机中胶辊网眼堵塞导致上胶量下降；二是复合工艺使用的双组份胶黏剂的配比未达到产品要求导致黏合力不足；三是熟化温度不够导致黏合剂没有固化完全。不同材质的断裂标称应变指标也不相同。此项指标不合格原因：此次不合格企业的企业标准中的断裂标称应变限量值没有经过试验检测就盲目制定，导致不合格。

（2）非复合膜袋

非复合膜袋产品不合格项目为提吊试验、标识、脱色试验三个项目。提吊试验不合格会导致使用者在提起塑料购物袋时发生破裂现象，对盛装的内容物和使用者的人身造成一定危害。不合格原因：一是生产厂家偷工减料，降低成本，从而导致成品的强度不够，达不到提吊试验要求；二是在生产过程中有意或无意地加入了添加剂，使得产品的强度降低。标识信息是消费者在使用产品时了解产品信息的首要途径，商品零售包装袋标准要求产品在显眼位置必须有标识信息，内容应包括产品名称、规格、公称承重、安全性说明、材质等内容，以方便消费者使用。不合格原因：一是由于标准的变更，生产厂家不了解新的产品标准要求；二是生产厂家为了降低成本，不愿意更换印版。脱色试验是非常重要的一项卫生指标，是反映食品包装材料遇到醇性物质、酸性物质、水性物质、油性物质情况下的脱色状态。不合格产品在使用过程中着色剂会溶解到食物中而导致被人体摄入，长期摄入会影响身体健康。造成非复合膜袋脱色试验不合格原因：一是生产厂家使用了不合格的原辅料；二是企业没有认真开展出厂检验或者不开展出厂检验；三是企业一味追求产品美观，超量或违规加入了色母料。

（3）塑料编织袋

塑料编织袋不合格项目为剥离力，剥离力是非常重要的一项物理指标，是考核涂膜或覆膜在编织布上的强度，经涂膜或覆膜的编织袋在阻隔性能、承重及印刷效果上都会优于单层编织袋，如果剥离力指标不够，涂膜或覆膜易脱离编织袋，失去上述优势，会降低对内容物的保护。造成剥离力不合格的原因主要有以下几点：一是生产厂家为了降低生产成本，购入了不合格的编织袋原料或廉价的胶黏剂；二是生产过程中环境条件控制不严格，在编织袋生产过程中，湿度、温度等条件控制不当会对产品质量产生影响；三是出厂检验工作开展不好，复合过程中上胶量不足或其他原因导致剥离力不达标，企业未进行首件检验和出厂检验导致出现问题产品。

（二）风险监测情况

1. 抽样情况及检测依据

2018 年计划开展产品风险监测 530 批次，实际抽取了 536 批次样品，完成率为 101.1%。

2018 年风险监测涉及复合膜袋、非复合膜袋、塑料工具、塑料编织袋、塑料包装容器（瓶、桶、盖）、纸制品和餐具洗涤剂 7 类产品 16 个项目。抽样培训、抽样单填写、样品封存、现场取证、样品运输、标准检验、方法论证、检测限值、实验程序等方面符合《产品质量国家监督抽查承检工作规范》要求，数据合法有效。

2. 数据统计

2018 年风险检测 536 批次样品，23 批次样品检出，检出率为 4.3%，检出情况如表 4 所示。

表 4　产品检出情况

检出＼产品	复合膜袋	非复合膜袋	塑料工具	塑料编织袋	塑料包装容器	纸制品	餐具洗涤剂	合计
检测批次	120	83	87	24	145	57	20	536
检出批次	7	8	1	6	0	0	1	23
检出率(%)	5.8	9.6	1.1	25.0	0	0	5.0	4.3

主要检出项目：复合膜袋检出苯类溶剂残留和塑化剂 DEHP；非复合膜袋检出溶剂残留；塑料工具检出塑化剂 DEHP；塑料编织袋检出荧光性物质；餐具洗涤剂检出二噁烷。

3. 数据比对

（1）近5年数据比对

a. 纸制品。2014年风险项目检出率为98.0%；2015年检出率为89.4%；2016年检出率为30.0%；2017年检出率为51.6%，2018年检出率为0，详见图13。

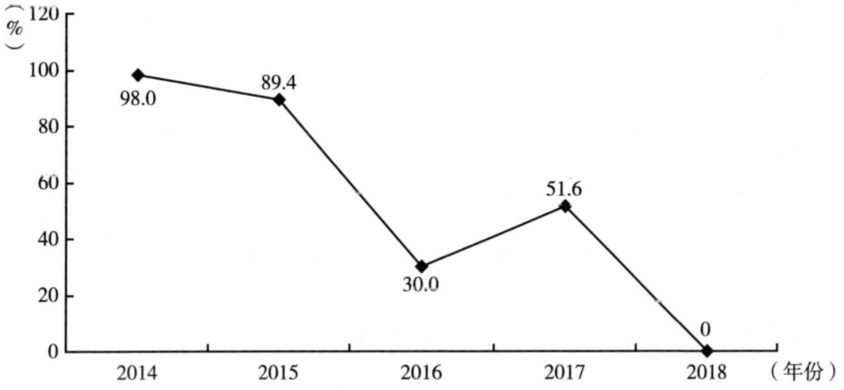

图13　纸制品风险监测趋势

b. 非复合膜袋产品。2015年检出率为14.1%；2016年检出率为1.9%；2017年检出率为8.2%，2018年检出率为9.6%，详见图14。

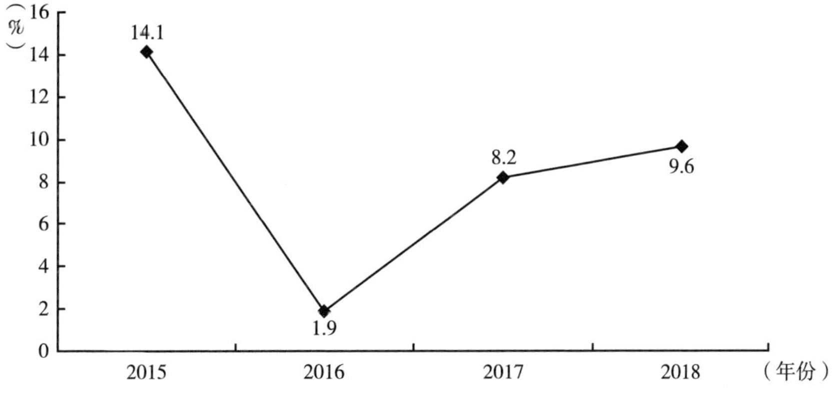

图14　非复合膜袋产品风险监测趋势

c. 复合膜袋产品。2015 年检出率为 2.3%；2016 年检出率为 5.0%；2017 年检出率为 5.9%，2018 年检出率为 5.8%，详见图 15。

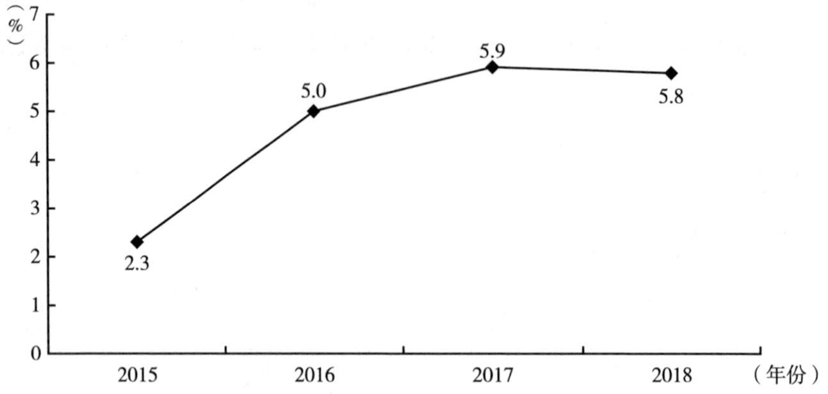

图 15　复合膜袋产品风险监测趋势

d. 编织袋产品。2014 年风险项目检出率为 33.3%；2015 年检出率为 35.3%；2016 年检出率为 33.3%；2017 年检出率为 35.0%，2018 年检出率为 25.0%，详见图 16。

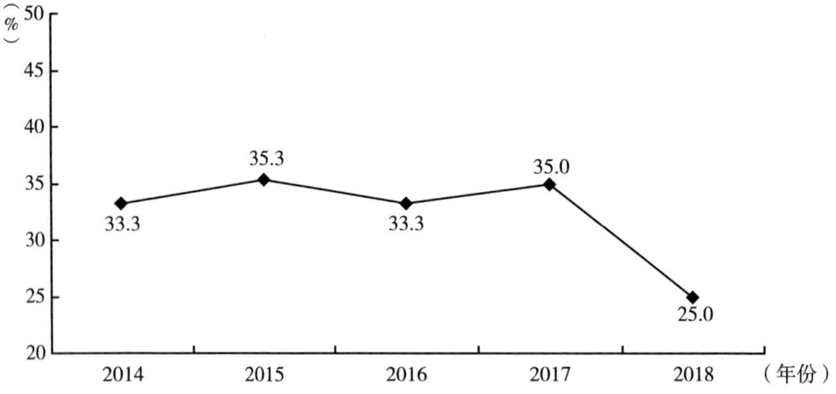

图 16　编织袋产品风险监测趋势

从连续五年检出结果可看出，复合膜袋产品检出率呈上升趋势；纸制品和非复合膜袋产品检出率呈波动状态，整体呈下降趋势；塑料编织袋产品检出率呈下降趋势；餐具洗涤剂产品首次开展二噁烷指标的风险监测，化妆品规范（2015 版）中明确规定了二噁烷在化妆品中的含量必须≤30mg/kg，欧盟消费者安全科学委员会（SCCS）推荐标准值为≤10mg/kg，1 批次中二噁烷含量为 13.13mg/kg，判定为检出，其余批次均小于 10mg/kg。

塑料包装容器、纸制品两类产品风险项目都未检出，产品质量较稳定。

（2）地区情况比对

各市检出情况如表 5 所示。

表 5　各市检出情况

地区	雄安新区	石家庄	保定	衡水	邯郸	沧州	廊坊	秦皇岛	邢台	唐山	张家口	合计
批次	18	18	5	6	12	38	12	11	18	34	8	180
检出	0	0	0	0	1	0	0	0	2	1	1	5
检出率(%)	0	0	0	0	8.3	0	0	0	11.1	2.9	12.5	2.8

由表 5 可知，2018 年全省风险监测邢台、邯郸检出率较高，检出率分别为 11.1% 和 8.3%。邢台风险检出项目主要为复合膜袋的邻苯二甲酸酯、塑料编织袋产品的荧光物质检出；邯郸风险检出项目为塑料编织袋产品的荧光物质。

4. 问题分析

（1）纸包装

纸包装产品主要检出项目为重金属：镉、铬。风险项目检出原因主要是原纸、胶粘剂、油墨等原辅料引入。由于风险监测的项目不是常规标准中规定的项目，因此企业对原辅料入厂检验制度执行不到位，检验项目缺失，导致产品风险项目检出。

（2）非复合膜袋

非复合膜袋产品存在的主要问题是溶剂残留——苯检出。问题产生的主要原因是企业生产过程中使用含苯油墨。由于目前非复合膜袋标准未对溶剂残留量指标做出要求，因此企业使用含苯油墨导致产品溶剂残留——苯检出。

（3）复合膜袋

复合膜袋产品存在的主要问题是溶剂残留检出（包括总量检出、苯类溶剂检出两项）。苯类溶剂检出问题产生的主要原因是企业在生产过程中使用含苯原辅料；总量检出是企业的工艺控制不当。目前，国家允许溶剂残留总量检出，但是标准要求控制在 $5mg/m^2$ 以内，在生产过程中，熟化温度及熟化时间不够，导致产品溶剂残留总量检出。

（4）编织袋

编织袋产品存在的主要问题是荧光性物质检出。问题产生的主要原因是原材料不合格：一是采购了不合格的编丝，二是在生产编丝过程中的聚丙烯原料粉末中含有荧光增白剂。

（5）密胺餐具

密胺餐具产品存在的主要问题是三聚氰胺和甲醛检出。密胺餐具是由三聚氰胺和甲醛聚合而成的密胺树脂粉加热加压铸模而成的，如果原料树脂聚合不好或者生产厂家的生产工艺不合要求就会残留三聚氰胺和甲醛，从而导致三聚氰胺和甲醛的检出。

（6）餐具洗涤剂

脂肪醇聚醚硫酸酯钠表面活性剂（AES）是合成洗涤剂的主要原料，AES 由脂肪醇和环氧六烷进行加成反应制得，反应过程中环氧乙烷发生二聚可产生副产物二噁烷。乙氧基化生产聚氧乙烯烷基硫酸钠、油醇聚醚、人参醇和鲸蜡硬脂醇聚醚等化合物时，所使用的试剂环氧乙烷（有致癌性）也可能发生二聚生成二噁烷。

二噁烷为有机化合物，别名 1，4 - 二噁烷、二氧六烷、1，4 - 环己烷。它可通过食入、皮肤吸收进入体内，有麻醉和刺激作用，并可能对肝、肾和神经系统造成损害，并在体内蓄积，急性中毒时可能导致死亡。

三 全省整体质量反映状况

（一）质量状况分析

从监督抽查结果来看，2014～2018 年监督抽查合格率波动不大，均在

96%以上，这反映出河北省食品相关产品的质量状况整体较稳定。

从风险监测结果来看，塑料包装容器、纸制品检出率为零，这两类产品质量状况良好，风险性较小；复合膜袋、非复合膜袋、塑料编织袋的风险项目检出率普遍较高，相关企业应根据自身问题及时整改，降低产品风险；餐具洗涤剂、密胺餐具有风险项目检出，但检出量大都符合相应产品标准，相关企业应注意把控，避免风险项目的超标。

从各类产品抽检不合格情况来看，2018 年出现了新的动向，塑料编织袋产品不合格率明显高于往年，在抽检的 26 批次产品中有 5 批次产品检出剥离力不合格，这在往年监督抽查过程中没有发现。

从抽查范围来看，2018 年监督抽查几乎覆盖了全部企业，除了由于环保因素或市场原因等被迫停产的企业未能抽取到样品外，其余企业均抽到样品，覆盖率比往年高。

为反映产业集中地区的产品可能存在的风险状况，结合河北省实际产业集中区域情况，二季度对东光地区的复合膜袋产品进行了重点风险监测，二季度共计监测复合膜袋产品 52 批次，其中东光 25 批次样品，占比 48%，东光地区检出率为 0%，低于整体检出率，反映出东光地区的产品质量呈上升趋势，质量较好。

（二）存在的质量风险点

1. 新标准实施带来风险

GB 4806 和 GB 31604 系列新标准已经实施一年多了，虽然对企业技术人员进行多轮新标准的宣贯和培训，但新标准相对于老标准的变化较大，给检验带来诸多困难，新标准对于样品的处理更加科学，但处理时间和温度要求更加复杂，尤其是接触有油脂特性的食品包装产品检测困难更大，还有许多参数只有限量值却没有指定方法标准，新方法下产品是否满足新标准中的技术要求给企业甚至检测机构带来了一定的困难，因此应建立良好的沟通途径，及时使检测机构的检测能力与国家标准适应、企业的生产技术能力和国家标准同步更新，降低由于新标准实施带来的产品质量风险。

2. 标签标识存在风险

GB 4806 系列新标准的实施，不仅对产品质量要求更高，同时首次对标签标识进行了更为严格的强制性要求。GB 4806.1－2016《食品安全国家标准　食品接触材料及制品通用安全要求》于 2017 年 10 月 19 日开始实施，首次规定符合性声明要求标注出受限物质及其限量、非有意添加物的评估信息和对总迁移量的符合性测试情况等。这意味着企业必须非常明确其产品组成（包括其中非有意添加物的存在情况），并具备相应的风险评估能力。从 2018 年的监督抽查情况来看，企业的标识整改状况已经有了较大的改善，85% 以上的企业按照要求制作了符合性声明，但是大部分企业对于符合性声明的意义、内容并不理解，只是纯粹地为了应付检查，找个别企业的模板进行修改，而对具体的内容是否适用于自己的产品并不关心，风险较大。

3. 企业质量保证能力风险

从近年来的入企调研及监督抽查情况看，规模大的企业从业人员多、学历高，部门设置全，分工明确，控制质量较好，而相当一部分小微企业人员少、学历低，质量意识薄弱，质量控制手段较弱，不能够完全按照要求对原辅料、生产过程、不合格品、相关记录等进行操作，这类企业的出厂检验设备只是摆设，长期不使用导致设备生锈、失灵，完全不能开展检测，或者把实验室挪作他用等情况时有发生。

另外，由于食品相关产品行业入职门槛低，企业员工文化水平以小学、中学毕业为主，综合素质偏低，学习能力差，对制度、规范的理解不够，质量意识淡薄，培训效果很小，沟通较困难。

4. 企业逐利带来风险

少数企业为追逐利益，在实际生产中掺入价格低、质量差、无标识的原材料甚至是回收料进行生产，降低成本，不重视质量安全，造成生产出不合格产品，给消费者带来风险隐患。

四　有关建议

1. 加强培训

一是加强对监管人员的培训，对标准、法律等开展专项培训；二是加强对企业管理负责人的培训，强化质量安全意识，提升质量管理水平；三是加强对企业技术人员的培训，改进生产工艺，鼓励企业制定高于国家标准的企业标准；四是及时宣贯国家最新检验检测规范，提升企业检验能力。

2. 加大获证企业的后期监管力度

应从省、市、县三级加大对获证企业的监管力度，特别是关键点的检查，确保企业保持获证条件，实现全过程监控，真正把许可要求做到实处，生产出合格产品。

3. 强化原辅料入厂检验制度落实

原辅料的质量对成品质量影响至关重要，从检测结果分析来看，主要问题的产生来源于原辅料。建议严格落实原辅料入厂检验制度，加大检查的频次和力度。只有控制源头、把好入厂关，才能保证出厂安全。

同时对于出厂的成品，应按照相应的抽样和检验规范进行出厂检验，从而确保产品的各项指标符合执行标准，把好产品质量的最后一关。

4. 严格控制成品库环境条件

随着存储时间的延长，温度、氧气、光照、通风状况都会对产品质量状况产生一定的影响，在不适宜条件下长时间存放会加快产品的老化，给产品质量带来一定的影响，因此应严格控制成品库存储环境条件，降低由于长期存储给产品带来不利影响的风险。

B.7

河北省进出口食品质量安全状况分析及问题对策研究

杨跃民　师文杰　朱金娈　陈　茜　李晓龙　吕红英*

摘　要： 2018年，石家庄海关认真落实海关总署要求，加强风险防控，确保食品安全，全年未发生进出口食品安全问题。本文对进出口肠衣及水产品、进口乳品、出口蔬菜等主要或敏感进出口食品的质量状况进行了分析，对监管工作进行了研究，对风险监测工作进行了评估，针对存在的问题提出了改进意见和建议。

关键词： 进出口食品安全　监管情况　质量状况

2018年，石家庄海关进出口食品安全工作按照海关总署及河北省委省政府的部署，积极开展进出口食品安全管理体系改革，认真落实海关总署关于进出口食品安全“强化监管、优化服务”的工作要求，加强风险防控，确保食品安全，全年未发生进出口食品安全问题。

一　进出口食品情况

2018年度河北辖区检验检疫进出口食品共计35421批，货值16.54亿美元，较2017年度批次、货值分别增长5.62%、0.27%。

---

* 杨跃民，石家庄海关进出口食品安全处副处长；师文杰，石家庄海关进出口食品安全处科长；朱金娈，石家庄海关进出口食品安全处科长；陈茜，石家庄海关进出口食品安全处主任科员；李晓龙，石家庄海关进出口食品安全处副主任科员；吕红英，石家庄海关认证监管处科长。

（一）进口食品情况

2018 年河北辖区共检验检疫进口食品 817 批、货值 2.02 亿美元，较 2017 年度批次、货值分别减少 24.63%、17.53%，检出不合格 25 批，合格率 96.94%。

主要进口食品包括粮食、食用油、原糖、动物肉类产品（包括肠衣）、乳制品等，按货值进口量前五位为粮食 436 批、18.07 亿美元，食用油 146 批、7635.5 万美元，原糖 6 批、5953.85 万美元，动物肉类制品 243 批、1517.19 万美元，乳及乳制品 51 批、1428.24 万美元（见表 1）。

表 1　2018 年河北省主要进口食品农产品情况

单位：万美元

序号	产品类别	主要进口品种	批次	货值
1	食用油	食用棕榈油、椰子油、食用调和油、其他加工油脂	146	7635.47
2	原糖	原糖	6	5953.85
3	动物肉脏杂碎	盐渍猪肠衣	243	1517.19
4	乳及乳制品	乳粉、其他奶油	51	1428.24
5	酒类	葡萄酒、啤酒、其他配制酒	90	999.80
6	动物水产品	冻虾夷贝、冻鳕鱼、冻比目鱼、冻海水鱼	41	532.63
7	干果	核桃(仁)、甜杏仁、腰果	48	418.35

（二）出口食品情况

2018 年河北辖区共检验检疫出口食品 34604 批、货值 14.52 亿美元，较 2017 年度批次、货值分别增长 6.63%、3.37%，检出不合格 3 批，合格率 99.99%。

主要出口食品包括动物水产品、动物肉脏杂碎（包括肠衣）、罐头、粮食制品、糖及其制品、熟肉制品、保鲜蔬菜、蔬菜水果制品、药材类、水产制品等，按货值出口量前五位为动物水产品 1387 批、1.97 亿美元，动物肉脏杂碎（包括肠衣）1187 批、1.96 亿美元，罐头 4237 批、1.47 亿美元，粮食制品 4133 批、1.36 亿美元，糖及其制品 4367 批、1.10 亿美元（见表 2）。

表 2　2018 年河北省主要出口食品农产品情况

单位：万美元

序号	产品类别	主要进口品种	批次	货值
1	动物水产品	冰鲜河鲀、冻公鱼、单冻去脏河鲀、单冻扇贝柱、冻虾夷贝、冻扇贝、冻章鱼	1387	19693.40
2	动物肉脏杂碎	冻带骨羊肉、冻鸡肉、冻的整只鸭、冻牛筋串、干制猪肠衣、盐渍猪肠衣、盐渍绵羊肠衣	1187	19556.09
3	罐头	桃罐头、苹果罐头、果酱罐头、软包装板栗罐头、食用菌罐头、番茄酱罐头	4237	14663.46
4	粮食制品	挂面、豆制品、方便面、红豆馅、粉丝、速冻粮食制品、玉米淀粉、豆类蛋白	4133	13603.94
5	糖及糖果、可可及巧克力制品	白砂糖、淀粉糖、糖果	4367	11017.46
6	熟肉制品	冻香肠、冻水煮牛肉筋串、熟制鸡肉制品	1964	9432.36
7	保鲜蔬菜	保鲜蔬菜	5658	7767.71
8	蔬菜水果制品	速冻草莓、速冻梨丁、速冻杏半、蒸煮的冻青豆、炒洋葱、冻玉米、冻食用菌、速冻蔬菜、盐渍蔬菜	2714	6883.67
9	药材类	中药材	1456	6822.84
10	水产制品	拌章鱼、冻象拔蚌肉、盐渍虾、冻煮贝柱、冻煮杂色蛤肉	540	6819.46
11	干果	板栗、干红枣、光中杏、核桃仁	866	4957.36
12	饮料	果蔬汁饮料、碳酸饮料、固体饮料	673	4335.36
13	植物性调料	干辣椒、辣椒碎(粉)、花椒、胡椒粉、甜椒碎	747	3775.52
14	粮食加工产品	麦芽、红薯淀粉、麦胚、荞麦米	567	2693.64
15	(熟制)干坚果炒货	熟栗仁、琥珀核桃仁、混合米果、脱皮花生仁、油炸蚕豆、坚果零食	814	2651.37
16	豆类(干)	红豆、蚕豆、黑豆、绿豆、芸豆	701	2474.07
17	蜜饯	果脯、蜜枣、苹果圈、无核红枣	732	2455.24

续表

序号	产品类别	主要进口品种	批次	货值
18	调味品	酱油、芝麻酱、腌料、复合调味料	633	1605.13
19	油籽油料	芝麻、花生、辣椒籽、线麻籽仁	132	492.30
20	食用油	米糠油、小麦胚芽油、米糠油	103	389.37

二 监督管理状况

（一）行政许可情况

全省共有出口食品备案企业 715 家。本年度新增 125 家，重新申请 41 家，延续备案 97 家，变更 52 家，注销 29 家，自动失效 18 家。共有对外注册企业 104 家，其中罐头类 11 家、水产品类 42 家、肉及肉制品类 13 家、蛋及蛋制品 1 家、肠衣类 33 家、果蔬汁类 4 家。

（二）主要进出口食品质量状况

1. 进口乳品

（1）基本情况

2018 年度河北辖区共检验进口乳品 51 批，重量 3839.3 吨，货值 1428.24 万美元，同比批次、货值分别减少 41.38%、29.79%。进口产品主要为原产于法国、新西兰的全脂乳粉、脱脂乳粉及少量无水奶油、黄油等。

（2）质量安全状况

全省进口乳品主要集中在石家庄、廊坊、秦皇岛三地，全部用作生产加工原料，未检出不合格情况，质量稳定良好。

（3）监管情况

①督促进口商落实进口食品安全第一责任人的社会主体责任，对进口产品质量安全负责。

②按照海关总署的要求严格对进口商实施备案管理，要求其建立乳品进口记录和销售记录，掌握进口产品的来源和流向。

③认真落实2018年度国家进口食品安全抽样检验计划，对抽中需检验的进口乳品严格按照流程实施实验室检测，依照检测结果进行合格评定。

（4）存在问题

结合全国2018年度未准入境食品信息，发现在进口乳品中存在超范围使用食品添加剂、中文标签不合格、微生物污染、理化指标不合格等安全隐患，尤其是食品添加剂不合格、微生物污染的风险较高。

（5）工作建议

应防范食品添加剂不合格及微生物污染的风险。

2. 进口食用植物油

（1）基本情况

2018年度河北辖区共检验进口食用植物油156批，重量9.92万吨，货值7927.51万美元，同比批次、货值分别减少4.88%、17.37%。进口产品主要为原产于马来西亚、新加坡的大宗散装食用棕榈油，极少部分为原产于加拿大、澳大利亚、俄罗斯、乌克兰的初榨菜籽油、初榨橄榄油、初榨葵花油等。

（2）质量安全状况

全省进口大宗散装食用油集中在秦皇岛、廊坊两地，具体为分离精炼棕榈仁油、固态棕榈硬酯、混合精炼植物油脂、精炼椰子油、精炼棕榈仁软脂、精炼棕榈仁油、起酥油、食用氢化油、棕榈液油等，全部用作生产加工原料，共检出不合格19批次，不合格原因均为数重量短缺，采取对外索赔处置，未发生质量安全不合格情况；进口预包装食用植物油集中在秦皇岛、石家庄两地，具体为芥花籽油、橄榄油、葵花籽油、高油酸葵花籽原油，未检出不合格。

（3）监管情况

食用植物油是河北省重要的大宗进口食品，其质量安全一直受到消费者的广泛关注，石家庄海关高度重视进口食用植物油的检验监管，严格执行法律法规及规范性文件要求，有效落实各项措施，切实保障质量安全。

①督促进口商诚实守信、依法生产经营，切实落实质量安全社会主体责任，要求其进口的食用植物油符合我国食品安全法律法规及国家标准要求。在报检时提供产品符合我国现行食品安全国家标准的证明文件等材料。要求进口商严格按照有关规定建立进口和销售记录，建立追溯体系。

②按照海关总署的要求，做好进口食用植物油进口商备案工作，依照我国食品安全国家标准要求，对进口食用植物油严格实施检验，对抽中需检验的进口食用植物油按照流程进行实验室检验，依照检验结果进行合格评定。

③对进口预包装食用植物油严格实施标签检验和备案。

（4）存在问题

近年来食用植物油进口数量快速增长，海上船运作为最经济实惠的运输方式，在货物的流转过程中发挥着重要的作用，但在航运过程中散装食用植物油短重现象日趋严重，给企业造成了一定的经济损失。

结合全国 2018 年度未准入境食品信息，发现在进口食用植物油中存在超范围使用食品添加剂、酸价超标、含有杂质等安全隐患，尤其是食品添加剂不合格的风险较高。

（5）工作建议

应防范食品添加剂不合格的风险，关注进口散装食用植物油短重的情况。

3. 进出口肠衣

（1）基本情况

2018 年河北共进出口肠衣 792 批，重量 10709. 7 吨，货值 15675. 23 万美元，同比分别减少 31. 01%、30%、6. 6%。其中出口肠衣 552 批，重量 6020. 7 吨，货值 14166. 1 万美元，同比分别减少 24. 48%、19. 92%、5. 68%；进口肠衣 240 批，重量 4689 吨，货值 1509. 13 万美元，同比分别减少 42. 44%、39. 74%、14. 5%。

（2）质量状况

2018 年河北进出口肠衣无不合格。

（3）监管情况

依据《出口食品生产企业备案管理规定》要求，对出口肠衣加工企业实施备案管理；依据《关于印发进出口肠衣产品检验检疫监管手册的通知》，对进境肠衣定点加工企业实施备案管理，对进境肠衣实施许可证审批制；依据 e-ciq 系统抽批情况对出口肠衣企业实施检验检疫监管。

（4）存在问题

2019 年我国大面积发生非洲猪瘟，对河北省进出口猪肠衣贸易影响较大，导致河北省海关关区进出口肠衣量显著降低。

（5）工作建议

建议省政府出台优惠措施，支持保护河北肠衣传统加工工业。

4. 进出口水产品

（1）基本情况

河北是沿海省份，贝类、头足类、虾类等水产品的出口量位居全国前列，出口企业主要集中在秦皇岛、唐山、沧州等地，出口产品形式较单一，主要为速冻产品。2018 年河北辖区共进出口水产品 1995 批、货值约 2.76 亿美元，其中进口水产品 68 批、货值 1147.5 万美元，同比分别增长了 1.49%、137.4%，具体产品主要为冷冻贝类、冷冻鱼类产品、冻煮贝类等，主要来自日本；出口水产品 1927 批、货值 2.65 亿美元，同比批次降低了 4.13%、货值增长了 2.32%，出口产品包括冻扇贝柱、冻虾夷扇贝、冻煮杂色蛤肉、冻章鱼、调味章鱼、冻河鲀、冻虾仁等，出口国家和地区主要为美国、日本、韩国、中国香港、中国台湾、新加坡、澳大利亚、新西兰、俄罗斯、加拿大等。

（2）质量状况

①检出不合格情况。2018 年进出口水产品均未检出不合格，产品整体质量较好。

②通报核查情况。2018 年出口水产品共收到境外通报 10 批次，其中加拿大通报 3 批，2 批为贝类产品，通报原因均为水分不合格，1 批为冷冻章鱼，通报原因为标签不合格；韩国通报 5 批，通报产品均为冷冻章鱼，通报原因均为品质不合格（人为注水）；中国台湾通报 2 批，通报产品均为冷冻

江瑶贝，通报原因均为检出硝基呋喃代谢物。

（3）监管情况

①进出口水产品安全监管措施。依据《进出口水产品检验检疫监督管理办法》等文件要求对进出口水产品实施监管，按照 E-CIQ 系统抽中情况实施现场查验及实验室送检，依据相关产品标准进行检验。在出口监管方面按照“预防为主、源头监管、全过程控制”的原则，对出口水产品养殖场实施备案管理，强化源头监管，保障产品可追溯性，辖区内共有出口水产品备案养殖场 27 个；强化风险管理，依据出口水产品企业质量安全管理水平、诚信经营情况等对企业进行分类，采取针对性的监管措施。在进口监管方面按照“预防在先、风险管理、全程管控、国际共治”的原则，建立符合国际惯例、覆盖“进口前、进口时、进口后”各个环节的进口食品安全“全过程”管理体系。进口前严格准入，对进口水产品贸易国准入情况、国外出口商和生产企业的注册资质情况进行严格审核，对国内进口商实施备案管理，对进口水产品依据有关要求严格实施检疫审批；进口时严格检验检疫，不符合要求的，依法采取整改、退运或销毁等措施；进口后严格后续监管，要求进口商建立和完善进口销售记录制度，完善进口食品追溯体系，对不合格进口水产品及时召回等。

②风险监测情况。按照海关总署风险监测有关要求，制定了石家庄海关出口食品风险监测实施方案，其中涉及水产品样品 90 个，包括养殖贝、养殖虾、养殖鱼、野生贝以及其他野生水产品等，监测项目主要为农兽药、污染物和生物毒素等，未检出不合格。

（4）存在问题

河北辖区部分出口水产加工企业属于中小型粗加工企业，企业加工设施和环境条件较差，从业人员质量安全意识薄弱，水产品生产加工过程可能存在安全隐患。部分水产品如河鲀等养殖过程中存在鱼虾混养的情况，增加了用药风险。

（5）工作建议

①进一步优化营商环境。鼓励企业多元化发展，增加养殖和加工的水产

品种类，改良改进养殖和加工的方法，如推广网箱养殖等，实现产业升级，增强市场竞争力。大力推动示范区建设，形成多部门联动帮扶机制，对人员、设备等各方面存在困难较多的企业进行重点帮扶。

②加强人员培训。持续开展企业实验室能力促进计划，通过加强实验室建设、实验室能力比对等提升企业自检自控能力；充分发挥官方部门信息优势，及时传达国外官方最新要求，督促企业加强内部培训，提升质量安全意识。

5. 进出口畜肉及制品

（1）基本情况

2018 年河北辖区共检验检疫进出口畜肉产品 467 批、重量 6333. 2 吨、货值 5637. 9 万美元，同比分别增长 –16%、8. 85%、13. 23%。其中出口 464 批、重量 6258. 2 吨、货值 5629. 8 万美元，同比分别增长 –3. 93%、7. 57%、13. 06%；进口 3 批、重量 75 吨、货值 8. 1 万美元，2017 年河北辖区无进口。

（2）质量状况

2018 年，进出口畜肉产品无检验检疫不合格情况，也未被国外通报。

（3）监管情况

根据《进出口肉类检验检疫监督管理办法》及工作手册，结合 E-CIQ 主管系统抽中情况，在企业自检自控合格基础上进行检验检疫。结合风险监测和监督抽检结果进行合格评定。对企业实施风险分类管理，提升企业质量安全和管理能力，使企业真正发挥质量安全主体责任作用。

（4）工作建议

①建立健全出口肉类产品预警体系，及时搜集和更新国外对该类产品标准、检测方法等资料，并将信息在网站同步公布，有利于一线检验检疫人员、生产企业随时掌握有关信息。

②加强对一线检验检疫人员的知识技术培训，尤其是对风险分析及评估等方面的知识培训。

6. 出口禽肉

（1）基本情况

2018 年，河北辖区共计出口禽肉产品 2114 批，重量 24827 吨，货值 9105.2 万美元。批次、重量、货值同比分别增长 10.5%、12.81%、13.28%。无被国外退运或索赔情况发生。

（2）质量状况

2018 年出口禽肉产品无不合格情况发生，无被国外预警通报产品。

（3）监管情况

严格按照《进出口肉类产品检验检疫监督管理办法》、《熟肉制品卫生标准》（GB2726－2005）、《进出口加工肉制品检验规程》（SN/T0222－2011）、《鲜、冻禽产品》（GB16869－2005）、《出入境鲜冻家禽肉类检验检疫规程》（SN/T0419－2011）等规定对企业及产品进行检验检疫监管，同时结合 E-CIQ 主管系统抽中查验情况，结合出口禽肉农兽药残留监测、微生物监测、疫病监测结果，在企业自检自控合格的基础上，对出口禽肉进行合格评定。

对企业重点加强过程管理，着重提高出口企业的加工水平和质量控制能力，积极指导出口企业建立符合标准的原料养殖基地，严格对原料基地的注册备案管理，将“五统一”要求落到实处，确保屠宰活禽全部来自备案养殖场。活鸡经检疫合格后方可屠宰；对其产品采用过程抽样为主、终产品抽样为辅的抽样方式，开展动物源性残留监控及熟制产品的国抽，对微生物的监测则按照《出口禽肉微生物监控计划》进行。

（4）存在问题

①监管人员不足。备案养殖场数目相对较多，且分布较为广泛，而部分局相关检疫监管人员较少，在执行双随机检查时，无法做到人员随机抽选。

②疫情疫病不断。禽流感等疫情不断在各地爆发，因此疫情防控需进一步加强。

③企业及养殖场人员整体素质参差不齐，需进一步提高。

（5）工作建议

①进一步加强各协作组成员之间的交流，健全禽类产品出口预警体系。及时搜集和更新国外对禽类产品相关规定、标准和检测方法等资料，让检验检疫人员和生产加工企业可以随时掌握相关信息。

②加大对一线检验检疫人员的培训力度，组织多种形式的学习培训、调研，学习有关部门的优秀做法和经验，提高自身的监管水平。

③对出口企业开展专项的业务培训和法律法规的宣传，不断提高管理水平，增强企业质量安全第一责任人的意识，使业务水平和管理理念能够跟上出口要求的变化。

7. 出口保鲜蔬菜

（1）基本情况

2018 年度河北辖区共检验出口保鲜蔬菜 5658 批，重量 9.57 万吨，货值 7767.12 万美元，较 2017 年批次、货值分别增长 8.12%、9.63%。出口产品主要包括萝卜、菜花、西兰花、结球甘蓝、白菜、生菜、蒜薹、胡萝卜、食用菌、西芹等，主要集中在张家口、承德、唐山等地，秦皇岛、邯郸、邢台、保定、石家庄等也有分布，主要出口中国台湾、日本、韩国、马来西亚、新加坡、越南、泰国、加拿大、美国等国家和地区。

（2）质量状况

2018 年度出口保鲜蔬菜未检出不合格，质量安全状况良好。

（3）监管情况

①加强源头管理，保障原料安全。河北辖区出口保鲜蔬菜全部来自经海关备案的种植基地，按照海关总署的要求，严格对种植基地实施备案审核，定期进行监督，从源头加大对农业投入品的监管力度，保障原料的质量安全。

②严格实施抽检，保障产品安全。严格执行 2018 年度国家出口食品安全抽样检验计划，按照要求实施采样、实验室检验，密切关注农药残留、重金属项目等高风险项目，保障产品质量安全。

③加大培训力度，督促主体责任落实。进一步加大宣传力度，提升企业质量安全责任人的主体意识，加大对违法违规企业的处罚力度，对多次因为

质量安全原因被境外通报的企业，责令其进行整改，增强辖区企业知法懂法守法的意识和主观能动性。

（4）存在问题

①农药市场管理混乱。农药添加“隐形成分”的现象依旧严峻，其多属于农业部门公布的禁用或限用的农药或存在低毒农药中掺杂高度农药的情况。农药行业管理混乱带来农药残留问题，给出口保鲜蔬菜带来质量安全隐患。

②企业主体质量安全意识不高。蔬菜种植多属于中小型企业、农民合作社，从业人员文化程度不高，安全意识淡薄，在利益面前一些种植户为了赶行情、早出售，不考虑施用农药的安全间隔期，或遇到货源不足时，往往从非备案种植基地购买产品进行补充，造成出口产品发生质量不合格情况。

③多头管理导致监管效果低下。农业管理方面存在分头管理、信息交流不畅的情况，农业投入品经销和管理属农业部门职责，出口备案种植场归海关监管，一旦出现由于农药残留超标引起的质量安全问题，调查难度较高，不能采取有效的管理措施，不能解决根本问题。

（5）工作建议

加强与地方政府市场管理及农业管理部门的沟通、协调，及时通报出口保鲜蔬菜检出不合格或被境外通报等信息，建立联席工作机制，形成监管合力；加大对企业的宣贯力度，进一步提升出口企业主体责任意识、诚信意识、风险意识，提高出口保鲜蔬菜加工企业的质量管理水平。

8. 出口干坚果

（1）基本情况

2018 年度河北辖区共检验干坚果及其制品 1680 批，重量 2.41 万吨，货值 7608.73 万美元，较 2017 年批次、货值分别减少 7.08%、13.64%。出口产品主要包括两类，其中干果类主要有核桃（仁）、杏仁、鲜板栗、红枣等，主要集中在秦皇岛、唐山、承德、沧州、保定等地，张家口、邢台、石家庄有少量分布，主要出口中国台湾、日本、韩国、马来西亚、越南、泰国、英国等国家和地区；干（坚）果炒货类主要有冻熟栗（仁）、烘焙花生、琥珀核桃仁、混合米果、坚果零食、涂层花生、脱皮花生仁、油炸蚕豆、油炸玉带豆等，主要集中在秦皇岛、唐山、邯郸、沧州、保定、衡水等地，廊坊、邢台、石家庄也有少量分布，主要出口德国、日本、韩国、俄罗斯、美国等国家。

（2）质量安全状况

2018 年出口干（坚）果及其制品共检出不合格 1 批次，原因为在烘焙花生中检出微生物毒素超标，做不准出境处置。

（3）监管情况

①加强原料质量管理。根据产品原料特性、类别等，严密监控原料产地病虫害发生、农药使用情况，关注出口国家和地区的标准和要求，定期开展风险分析，要求企业建立原料收购台账，从源头保障质量安全。

②严格实施抽样检验。严格执行 2018 年度国家出口食品安全抽样检验计划，按照要求实施采样、实验室检验，规范合格评定过程，密切关注农药残留、重金属项目等高风险项目，保障产品质量安全。

③加大培训力度，督促主体责任落实。进一步加大宣传力度，提升企业质量安全责任人的主体意识，加大对违法违规企业的处罚力度，对多次因质量安全原因被境外通报的企业，责令其进行整改，增强辖区企业知法懂法守法的意识和主观能动性。

（4）存在问题

①干（坚）果产品规范化种植管理程度较低，难以对用药情况进行有效监管，终产品农药残留情况依然不容乐观。

②干（坚）果产品尤其是鲜板栗有害生物风险较高，在板栗成长期及收获过程中，栗实象甲虫危害较大，一般于夏秋季在栗包上钻孔产卵，将卵产于栗果实内，卵孵化成幼虫继续在栗果实内蛀食，不形成虫孔，危害隐蔽，在检疫过程中很难检出，需在板栗种植环节加强对栗实象甲虫虫害的防治。

③结合全国出口干（坚）果及其制品的质量安全状况，花生制品中检出黄曲霉毒素的情况依然存在，应引起重视。

（5）工作建议

①加强与干（坚）果类产品产区政府有关部门的合作，从源头加强对种植环节的管理，及时掌握农林部门发布的病虫害疫情，督促种植户正确合理使用农业投入品，从源头控制产品的质量安全。

②干（坚）果是河北省优质特色产品，建议政府加大支持力度，帮助产地设立检验检测中心，引导和鼓励有条件的实验室升级，健全检测网络，提升整体检测水平。

③加大对出口企业的引导力度，及时向企业通报国外相关产品标准和要求，并建立良好的出口秩序，制止恶性竞争，严厉打击掺杂使假、以次充好的行为。

（三）案件查处情况

2018年石家庄海关未发生进出口食品安全案件。

三 风险监控状况

2018年度，全省进出口食品共抽取668个样品（按集合统计）实施进出口食品安全抽样检验计划，共检验1774项（次），其中出口样品531个，检验1273项（次）；进口样品137个，检验501项（次）。实际完成风险监测计划样品365个，监测项目数1574项（次），100%完成了国家风险监测计划和补充计划。其中，在出口动物源性食品风险监测方面，抽取了出口羊肉、鸡肉、鸭肉、鸵鸟肉、肠衣、禽蛋风险监测样品数271个，监测项目数1574项（次），监测结果全部合格，官方抽取微生物监控样品500个，检测2445项（次），有2个官方抽取的沙门氏菌检测项目不合格，对不合格项目进行了原因调查和强化监控。全省均能按照要求完成抽样、送样、实验室检测工作并及时在“进出口食品化妆品安全监督抽检和风险监测管理系统”中进行数据的审核和上报。

四 采取的监管措施、出台的重要政策和实施的重大行动

（一）加强风险防控和监督管理，保障国门食品安全

一是严格落实相关要求，做好进出口食品安全风险监测和抽样检验工作。按时制订抽检计划，确保河北辖区2018年度国家进出口食品风险监测和抽样检验计划的有序实施。二是认真开展国外通报信息核查工作，及时针对通报信息进行收集、核查、处置与反馈，并加强通报核查后续处置工作，对存在逃漏检被通报的情况，组织开展联合检查，督促被通报企业加强自检自控，提高质量安全意识。三是定期对全省进出口食品业务量、安全风险信息、种养殖场备案情况、监督抽检计划完成状况等进行统计、整理并通报，保证对各项食品安全保障措施有效管理，确保各项措施到位。四是按要求开展河北辖区首次进出口食品检验检疫能力评估工作。对首次出口发酵乳、鲜鸡蛋、鸵鸟肉、冷冻饮品、膳食补充剂等业务的检验检疫能力共计评估21次。通过评估提升了分支机构对相关法律法规的识别、掌握水平，规避了工作风险。五是严格进境检疫审批工作，认真落实食品准入要求，保障了国门安全。共受理进口水产品、肠衣、冻青豆等产品的进境检疫审批47批，否决13批，签发许可证34批。六是严格按要求完成进口肉类收货人、出口食品原料种养殖场的备案和年审工作。完成266家收货人备案企业年度检查审核，新增企业备案17家；开展供港禽肉备案养殖场禽流感H7、H5监测和每日疫情报告工作；对辖区的种植基地进行了清理和年审，取消了80多个不符合要求的种植场备案基地。七是强化口岸食品卫生监督。严格开展口岸卫生监督工作，创新开展卫生监管模式，对辖区口岸食品生产经营单位实现全覆盖监管，口岸食品实现了“源头可追溯、过程可控制、去向可跟踪、信息可查询、风险可管理、安全有保障”；建立健全卫生许可和量化分级管理制度、抽采样快速检测制度和预警应急机制，增强执法把关

和应对突发公共事件的能力，提高了维护食品安全的有效性；着重加强夏季供船、供机食品的冷链运输、食品运输工具清洗消毒等重点环节的监管，强化食品生产经营单位的主体意识和安全意识，加强对饮用水企业取水点、供水船船舱加盖加锁等细节的监管，加强进出境运输工具食品卫生监管，严防来自非洲猪瘟疫区猪肉及其制品流入市场。八是加强与地方政府食品安全监管部门之间的风险信息交流。通过全省食品安全风险防控联席会议制度，就风险监测、不合格产品检出、国外预警通报核查等情况与联席会议单位开展交流和沟通，形成了食安信息共享、食品安全共治的良好氛围。九是组织实施了河北辖区进出口食品“双随机”监督检查。通过检查随机过程、验证原检查发现的不符合项的整改等内容，对“双随机”相关责任人现场指导，进一步规范了进出口食品“双随机”工作，提升了分支机构对种养殖场、进口商的监管水平。十是加强出口果汁等高风险产品的安全监管工作。2018 年 8 月在全省范围内组织开展了针对所有出口食品生产企业的安全风险隐患排查工作，特别是以果汁出口企业为重点，要求“全覆盖、无死角、无盲区”，对企业资质（重点是 SC 获证情况）、全过程质量安全保证体系、自检自控体系等所有生产加工环节存在的风险隐患进行了排查；对各隶属关的监管体系是否健全、监管责任是否到位进行了自查；10 月，进一步组织了专门针对果汁生产企业的原料采购、原料验收及加工处理、质量管理体系及食品防护计划的实施情况等环节的排查，对在排查工作中发现的问题进行了认真整改，确保做到产品质量安全，不留隐患。

（二）积极推动中加双方含馅粮食制品贸易的发展

一是为落实李克强总理访加成果，在总署食品局的大力支持和帮助下石家庄海关积极推进，2018 年 3 月 23 日，由河北企业生产的中国含肉馅粮食制品实现首次对加出口，这也是在中美贸易摩擦的态势下，实现我国含馅粮食制品顺利进入北美市场。此次首发，标志着我国含馅粮食制品正式打开了年销售额约 2000 万美元的加拿大市场，并为我国食品进入欧美等发达国家市场提供了较好的示范作用。二是石家庄海关按照总署食品局要求，认真做好包括加拿大输华含馅粮食制品问卷编写和初评估的准入评估工作。

（三）开展促食品出口精准扶贫

为推动河北省平山革命老区脱贫，石家庄海关围绕华润五丰蛋鸡养殖基地项目，主动对接，建立“一企一策”帮扶模式，在总署食品局指导下，石家庄海关积极与香港食环署沟通确保市场对接，通过提供技术指导和培训，助力打造“合作社+国际标准+国际市场”精准扶贫新模式，并且针对鲜蛋保鲜期短的特性，帮助企业健全体系，提高食品安全保障能力，石家庄海关采取过程控制、风险监测、出口直通等便利通关措施，保障了产品快速发运香港。平山县鸡蛋顺利供港，是近十年河北鲜蛋的首次供港，是石家庄海关对接革命老区西柏坡的发展实际，通过产业扶贫、出口脱贫开展的一次成功的实践，把贫困地区的“资源优势、生态优势、区位优势、政策优势”转化成了“产业优势、品牌优势、出口优势和发展优势”，对提高革命老区开放发展水平和脱贫致富具有重要意义。

（四）积极推动指定口岸建设工作

一是积极帮扶曹妃甸进口肉类口岸通过验收。石家庄海关多次派员对项目建设进行现场指导，帮扶口岸运营单位建立17项管理制度，满足了进口肉类指定口岸建设要求。2018年9月4日，曹妃甸港区进口肉类指定口岸正式通过海关总署验收。这是目前河北第一个进口肉类指定口岸，实现了河北省无进境肉类指定口岸零的突破，对促进河北外贸发展具有重要意义。二是支持石家庄进口冰鲜水产品和肉类口岸建设，对基础保障情况进行了评估，对相关工作提出了整改意见和建议。

（五）加强对进口食品、保健食品欺诈和虚假宣传的整治

严厉打击进口食品、保健食品虚假宣传和功能声称行为，对河北辖区已备案的进口食品标签进行了一次全面梳理，取消了不符合法律法规要求标签

的备案资质；对存在打“擦边球”嫌疑的进口食品，特别是胶囊、片剂等特殊剂型的尚无食品安全国家标准的食品，以及含有药品成分的运动营养食品等严格实施监管，在取得相关行政部门许可之前不予进口；主动加大与地方政府食品安全相关管理部门的沟通协作力度，持续加强监管机制对接，开展务实合作，形成监管闭环，共同做好对进口食品、保健食品的质量安全监管工作。

五　当前工作面临的形势和存在的问题

当前进出口食品安全工作面临复杂的环境形势。进口方面，由于进口食品供应链具有国际化特点，食品原料生产、成品加工、货物运输等环节可能分布在全球多个国家和地区，风险环节不易掌控，责任主体难以界定，带来了较大的安全风险隐患；出口方面，技术性贸易措施在国际食品贸易中的使用愈加突出，近年来日本推行“肯定列表制度”，美加韩各自出台现代化食品安全法案，亚欧联盟、海湾联盟等区域性组织抱团推出进口食品限制措施，等等，都对出口食品安全监管工作提出了更高要求；另外，当前国内非洲猪瘟等重大动植物疫情防控形势严峻，各种关系国计民生的重点敏感商品走私夹带屡禁不止，进出口食品企业安全意识、管理水平仍参差不齐，食品安全主体责任压得不够紧、不够实。

在机构改革后，海关监管职责更多、范围更广、链条更长，维护国门安全面临的压力和挑战比历史上任何时候都要大。中共中央办公厅、国务院办公厅印发了《地方党政领导干部食品安全责任制规定》，明确了食品安全工作职责，着重强化了考核监督、奖惩等结果运用，对做好食品安全工作提出了更高要求；海关总署关于严格实施进出口食品安全情况通报，压紧压实食品安全责任的通知，也对进出口食品安全工作提出了更高要求。海关作为国门安全的“把关人”，需要深刻认识到做好进出口食品安全工作的艰巨性、长期性和紧迫性，在坚持总体国家安全观、把好进出口食品安全关、坚决堵住危害人民生命安全和身体健康的各类食品流入流出渠道、坚决保障进出口食品安全方面“一点问题都不能出”。

六 2019年进出口食品安全监管工作整体思路

（一）强化风险管理，提升防控能力

第一，落实总署进出口食品化妆品安全风险监测和抽样检验计划，加强对隶属海关执行相关工作的监督指导。

第二，加强安全准入风险防控，落实进境食品检疫审批要求，保证国门安全。

第三，落实总署和省政府要求，严格按照布控指令做好口岸非洲猪瘟风险防控工作。

第四，加强食品安全风险信息研判，动态调整风险分析报告和相关作业指导书。

（二）加强过程监管，落实主体责任

第一，开展出口食品原料种植养殖场、进口食品化妆品进口商备案，确保源头安全；加强进口预包装食品标签备案审核，严防假冒欺诈；开展出口食品生产企业备案管理，确保出口食品生产安全，优化工作程序，加大采信第三方认证结果力度，缩短工作流程，便利企业出口；实施进口动物源性食品和粮食境内加工及存放企业备案，严防疫情扩散。

第二，按照总署试行进口商对境外生产企业和出口商自主审核动态要求，加强对进口商的审核督导。

第三，加强对不合格进出口食品及出口食品化妆品通报核查的处置和后续监管，会同有关处室对隶属海关的后续监管工作开展专项督查。

第四，按照总署要求全力做好河北省出口食品生产企业国外卫生注册推荐工作、境外官方对我国出口产品的官方卫生控制管理体系检查工作及对企业管理体系的检查工作。

（三）深化落实改革措施，促进关检深度融合

第一，认真落实海关总署有关要求，与相关部门配合，对首批纳入“多查合一”事项名单的工作开展核查作业，总结“多查合一”试点经验，规范相关工作。

第二，开展进口肠衣、原糖等敏感产品的查验、检查和进口食品定点加工企业核查工作。组织开展进口指定存储冷库安全风险排查，加强对重点打击产品走私案件的发现能力，做好线索移交工作。

（四）夯实基础工作，促进能力提升

第一，落实食品安全监管人员能力要求，开展进出口食品执法能力和专业技术水平培训，提高人员整体专业素质，开展资质认定。

第二，按照总署 2019 年大培训计划要求，组织落实相关培训工作。

第三，继续对全省进出口食品检验监管状况开展定期情况通报，做好相关信息交流与沟通工作。

第四，配合总署食品局做好全国干（坚）果协作组组长单位工作，做好进出口食品安全全国协作组工作，同时加强对全省各进出口食品专业协作组的管理，进一步发挥好协作组的专业优势。

（五）加强协作配合，促进地方经济发展

第一，积极配合河北地区外贸经济发展及特殊监管区建设，支持京津冀协同发展和雄安新区建设，为地方建设进口肉类和冰鲜水产品指定口岸提供技术支持。

第二，继续协助总署做好中加含馅粮食制品贸易准入方面的工作。

第三，积极响应国家“一带一路”倡议，发挥职能优势，支持河北省食品企业“走出去”。

第四，开展食品安全宣传周活动，向消费者和进出口企业进行法制宣传和普法教育。

专 题 篇

Special Reports

B.8
2018年河北省食品工业发展报告

吴龙妹 李 峰*

摘 要： 2018年，河北省食品行业保持平稳发展，优势行业生产强劲增长，经济效益同步提高，产品结构逐步优化，为繁荣食品市场、满足消费者日益增长的多层次需求做出了重要贡献。本文就食品工业发展现状、基本结构组成、发展分析等进行了阐述，并针对现阶段食品工业存在的问题提出了意见及建议。

关键词： 河北省 食品工业 食品市场 发展形势

---

* 吴龙妹，河北省食品工业协会副会长兼秘书长；李峰，河北省食品工业协会副秘书长。

一　2018年食品工业发展情况

（一）食品工业的范围

国以民为本、民以食为天，食品工业是永不衰落的朝阳产业，食品工业也是一个国家或地区经济发展水平和人民生活质量高低的重要标志。改革开放40年来，中国食品工业以全球第一的发展速度举世瞩目，中国食品工业是工业经济中的重要组成部分，同时又是与三农联系最紧密的经济板块。

食品工业的发展，一是有利于“三农”问题的解决；二是有利于人民生活质量的提高，安全、丰富、营养的食品，对于广大人民的幸福生活起着至关重要的作用，随着人民生活水平的提高，人民对食品要求品种越来越多，质量要求越来越好、档次越来越高、功能化作用越来越强；三是对经济又好又快发展起着促进作用。从改革开放初期至今，食品工业以其独特、稳定的运行方式，走出了一条波澜不惊、波动不大的运行曲线，食品工业生产充分满足了社会增长和人们生活的需求，促进了国民经济的发展。

河北省具有发展食品工业的优越条件，一是食品资源丰富。河北省是全国唯一兼有海滨、平原、草原、湖泊、丘陵、山地和高原的省份，可食资源丰富且品种多样，多达几千种，特别是近年来根据食品工业需要调整农业结构的步伐逐步加快，种养结构调整和高效优质农业的发展使未来农产品品种更加丰富、品质更为优良、数量更为充足，为加快发展食品工业创造了有利条件。二是环渤海经济圈迅速发展，为河北省食品工业发展带来机遇。环渤海经济圈依托其优良的港口、较好的产业配套条件、比较完善的基础设施以及相对较低的地价和丰富的资源等优势，正在成为我国第三经济增长极，其辐射、扩散和带动效应，将为河北省食品工业发展提供强大动力。京津经济圈高速发展将会大大促进河北省农畜产品基地、食品安全体系、食品标准化体系及食品物流体系的建设，对提高食品工业整体水平起到巨大的推动作用。特别是环北京，既为河北省食品工业技术水平的提高提供了支撑，又为食品工业销售提供了市场。北京的食品专业大专院校为河北省食品工业开展产学研工作创造了有利条件，北京产业结构调整退二进三，食品企业、种养殖业向外转移，但城镇化进展加快，消费人群逐年增加，消费水平不断提高，要求河北提供安全、营养、品种丰富的产品满足北京市场供应，打造北京的大厨房。三是河北已形成门类齐全的食品工业体系。涵盖农副食品加工业，食品制造业，酒、饮料和精制茶制造业及烟草制品业 4 大门类、21 个中类、64 个小类。

（二）河北省食品工业发展概况

1. 总体情况

2018 年全省规模以上食品工业企业 1363 家（较 2017 年底减少 42 家），工业增加值完成增长 4.4%（见图 1）；实现主营业务收入 2800.52 亿元，同比下降 3.6%，占全省工业主营业务收入的 7.4%，居全国第 15 位（见表 1）；实现利润总额 135.16 亿元，同比下降 3.2%，占全省利润总额的 6.11%。

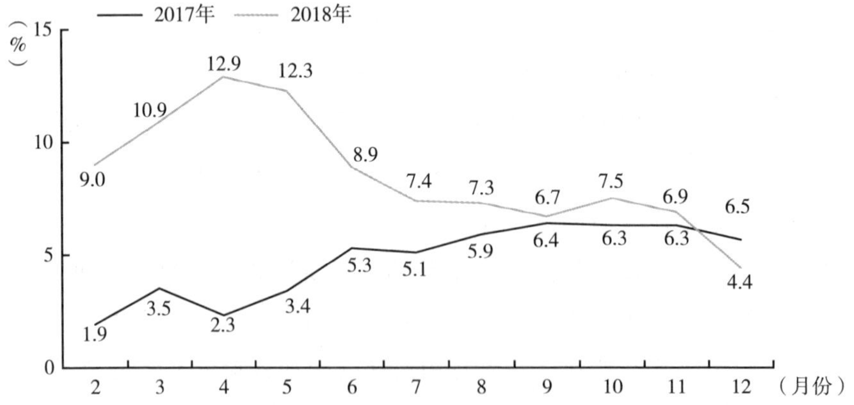

图 1　2018 年全年全省累计食品工业增加值增速及走势

表1　2018年全国食品工业情况

单位：亿元，%

排位	省份	2017年排名	企业数	销售收入	增长率
1	山东省	1	5290	16342	0.059
2	河南省	2	3700	12446.15	7.8
3	四川省	5	2427	7256.9	12.6
4	广东省	6	2057	6266.35	7.1
5	湖北省	3	2472	6165	7
6	福建省	7	2396	6018.59(除烟草)	10.1
7	江苏省	4	2049	5612.99	9.74
8	湖南省	8	2585	4952	12.6
9	吉林省	9	1633	4683	4.8
10	安徽省	10	2608	3554.6	5.9
11	广西壮族自治区	13	800	3245.63	6.84
12	内蒙古自治区	15	840	3047.9	5.92
13	云南省	23	1084	2935.98	18
14	江西省	14	899	2858.32	5.09
15	河北省	11	1363	2800.52	-3.6
16	陕西省	18	1222	2547.5	9.53
17	浙江省	17	1380	2435.98	0.85
18	上海市	20	369	2152.95	1.9
19	黑龙江省	12	1341	1951.6(产值)	0.007
20	贵州省	21	1034	1935.98	20
21	辽宁省	19	1162	1888.5	-7.3
22	重庆市	22	760	1730.4	12
23	北京市	24	312	1154.26(除烟草)	5.59
24	新疆维吾尔自治区	25	601	896.3	11.9
25	甘肃省	27	479	648.28	0.88
26	山西省	26	300	580	-1.5
27	天津市	16	364	562.15	5.5

2. 食品工业销售产值、出口交货值、产销率

（1）工业销售产值

全省规模以上食品工业2018年销售产值同比增长4.4%。其中：农副食品加工业销售产值同比增长2.3%；食品制造业销售产值同比增长3.6%；

酒、饮料和精制茶制造业销售产值同比增长8.7%；烟草制品业销售产值同比增长20.2%。

（2）出口交货值

2018年全省规模以上食品工业出口交货值同比下降13%，其中：农副食品加工业出口交货值同比增长5.8%；食品制造业出口交货值同比下降45.3%；酒、饮料和精制茶制造业出口交货值同比增长7.9%。

（3）产销衔接良好

2018年食品工业产销率达99.9%，分行业看，农副食品加工业产销率达99.5%，食品制造业达96.6%，酒、饮料和精制茶制造业达96.6%，烟草制品业达101.6%。

3. 食品工业主要产品产量完成情况

在入统的产品中，有20种为正增长，占统计品种的63.64%（见表2），食醋、冷冻饮品、冷冻水产品、膨化食品、鲜冷藏肉、熟肉制品、味精、冻肉、糖果、大米、婴幼儿配方乳粉、包装饮用水12种产品产量增长都在10%以上，占到全部产品的36.36%；碳酸饮料、方便面、冷冻蔬菜、果汁和蔬菜汁饮料、酱油、罐头、成品糖、食品添加剂、焙烤松脆食品、蛋白饮料、乳粉、白酒13种产品为负增长。

表2 2018年食品工业主要产品产量

产品名称	计量单位	月产量	同比增长(%)	累计产量	累计增长(%)
冷冻水产品	万吨	1.07	45.9	10.35	57.3
味精	万吨	0.39	216	2.25	32.4
冻肉	万吨	1.14	33.4	13.05	31.8
食醋	万吨	0.31	-25.0	6.19	25.8
膨化食品	万吨	0.06	98.5	0.73	24.9
糖果	万吨	6.67	-12.6	11.31	21.8
鲜、冷藏肉	万吨	11.02	20.0	116.70	20.0
熟肉制品	万吨	0.38	27.6	3.55	18.1
冷冻饮品	万吨	0.12	6.0	5.60	12.1

续表

产品名称	计量单位	月产量	同比增长(%)	累计产量	累计增长(%)
大米	万吨	3.72	71.2	22.42	12.1
饮料酒	万吨	12.44	9.1	188.69	7.5
其中:白酒(折65度,商品量)	万吨	1.98	9.9	16.12	-1.8
啤酒	万吨	9.53	8.5	166.76	8.4
葡萄酒	万吨	0.91	14.8	5.53	9.4
果酒及配制酒	万吨	0.005	-35.4	0.06	3.0
乳制品	万吨	34.62	11.1	365.29	6.4
液体乳	万吨	33.99	10.7	357.42	6.3
固体及半固体乳制品	万吨	0.63	39.3	7.88	11.9
其中:婴幼儿配方乳粉	万吨	0.20	49.3	1.85	43.8
乳粉	万吨	0.38	40.4	4.99	-1.2
小麦粉	万吨	91.34	-7.3	1018.54	4.7
精制食用植物油	万吨	23.10	-30.1	289.09	3.9
饮料	万吨	37.57	6.4	540.88	3.3
其中:碳酸饮料	万千升	4.11	-23.6	37.57	-35.0
包装饮用水	万千升	7.70	146.9	207.10	46.5
果汁和蔬菜汁饮料	万千升	3.14	-38.3	63.15	-10.3
蛋白饮料	万千升	2.52	-44.9	29.81	-5.3
发酵酒精(折96度,商品量)	万千升	1.38	-6.4	15.72	2.7
卷烟	亿支	30.0	-48.7	762.0	1.4
酱油	万吨	0.41	-3.4	4.32	-3.3
冷冻蔬菜	万吨	0.79	89.0	6.78	-5.9
焙烤松脆食品	万吨	0.11	-27.3	0.93	-11.0
成品糖	万吨	5.53	-13.5	31.23	-14.8
食品添加剂	万吨	2.78	-51.6	32.90	-20.8
方便面	万吨	2.58	-11.5	28.93	-21.5
罐头	万吨	1.82	-34.8	16.13	-44.9
速冻食品	万吨	1.81	-56.6	26.86	-45.1
速冻米面食品	万吨	1.11	-68.4	20.25	9.0

（三）食品工业近六年发展情况（见表3）

表3　近六年发展情况

单位：亿元，%

主要指标	2013 年	2014 年	2015 年	2016 年	2017 年	2018 年
主营业务收入	3490.84	3715.71	3839.88	3995.38	4386.93	2800.52
工业增加值	816.3	881.6	897.7	907.6	974.7	4.4
利税总额	408.28	410.06	438.19	—	—	—
利润总额	215.51	212.10	240.67	240.29	229.77	135.16
总产值	3463.4	3816.44	4012.53	4192.59	4587.05	—

（四）食品工业规上企业情况

食品工业企业主营业务收入50亿~100亿元的有7家，10亿~50亿元的有44家，5亿~10亿元的有59家，1亿~5亿元的有287家，2000万~1亿元的有966家。

（五）食品领军品牌企业情况

（1）石家庄君乐宝乳业有限公司：成立于1995年，在河北、河南、江苏、吉林等地建有17个生产工厂、10个现代化大型牧场。业务范围涵盖婴幼儿奶粉、低温酸奶、常温液态奶、牧业四大板块，建立起涵盖奶业全产业链的运营布局，销售市场覆盖全国。2018年集团销售额达到130亿元，在全国居第4位，增长率连续多年在全行业领先。

（2）晨光生物科技集团股份有限公司：以农产品为原料进行天然植物有效成分提取的出口创汇型上市企业，国家高新技术企业、国家技术创新示范企业、全国工业企业知识产权运用标杆企业、全国品牌培育示范企业、全国制造业单项冠军示范企业和农业产业化国家重点龙头企业。晨光公司拥有22家子（分）公司，主要研制和生产天然色素、天然香辛料提取物和精油、天然营养及药用提取物、油脂和蛋白四大系列80多种产品，远销欧洲、美洲、澳洲及日、韩、南亚、东南亚部分国家和地区，公司生产的天然色素产销量居中国之首，辣椒红色素、辣椒油树脂、叶黄素产销量居世界第一。

（3）河北衡水老白干酒业股份有限公司：成立于1999年，2002年10月在上海证券交易所上市，是河北省酿酒行业唯一的一家上市公司。公司固定资产28亿元，是中国白酒老白干香型最大的生产企业，主营业务是衡水老白干、十八酒坊系列白酒的生产和销售。河北省市场占有率为15%，在河北省白酒行业排名第一。

（4）河北养元智汇饮品股份有限公司：建于1997年，专注核桃饮品的研发、生产与销售，现拥有滁州养元、河南养元、鹰潭养元三个全资子公司，先后主导起草了核桃乳饮料行业标准与国家标准，是业内率先通过ISO 22000食品安全管理体系认证、ISO 900/质量管理体质认证的企业，并获得了诚信管理体系认证及欧盟“BRC食品安全全球标准”A级认证。养元公司是全球核桃单体用量最大的加工企业、全国最大的植物蛋白饮料企业。

（5）玉锋实业集团有限公司：位于河北省宁晋县经济开发区，主要产品有玉米淀粉、葡萄糖、玉米胚芽油和维生素B12（其中维生素B12的产能居世界第一位），公司荣获“农业产业化国家重点龙头企业”、“高新技术企业”、“全国淀粉糖行业二十强企业”等称号，其“玉星”商标被认定为“中国驰名商标”。公司拥有4项发明专利、116项新型专利，新产品销售收入占比78.36%。

（6）今麦郎面品有限公司：创建于1994年，是农业产业化国家重点龙头企业、全国农村一二三产业融合领军企业、全国主食加工示范企业和全国农产品加工业“一企一业”发展典型。主要经营范围为方便面、粉丝、粉条、挂面、谷物碾磨加工品、蛋制品、肉制品、水产制品等的生产和销售。公司拥有中国驰名商标2个、中国名牌产品1个，产品销售遍布全国，并远销50多个国家和地区。

（7）河北金沙河面业集团：始于1996年，公司地处河北省邢台市，地理位置优越，自然环境得天独厚，是国家优质小麦生产基地，为公司提供了优质的粮源，确保了产品品质。有员工5000余名，日处理小麦11000吨，日生产挂面3500吨，年产值80亿元。中国小麦粉加工50强企业排名中，金沙河排名第五位，中国挂面加工企业10强排名中，金沙河排名第一位。

（8）三河汇福粮油集团有限公司：始建于1999年，位于河北省三河市燕郊国家级高新技术开发区，是以大豆加工为主的综合性企业集团，为国家农业产业化重点龙头企业，总加工能力达到1000万吨。自2005年以来，连年入围“中国企业500强”“中国创造企业500强”“中国食品工业十强企业”。汇福通过科技创新，拥有17项专利，其中6项发明专利、4项全国新型专利、7项外观设计专利，从大豆提取数十项大豆生物活性物质，其提取技术拥有自主知识产权。

（9）五得利面粉集团：始建于1989年，是一家专业化生产面粉的民营企业。拥有六省十九地19个子公司、35个大型制粉车间、78条现代化面粉生产线、日处理小麦能力达42050吨。五得利面粉共有140多个品种，产品畅销全国，所有大中城市均有销售网点，市场覆盖率达到97.60%，连续荣列全国市场同类产品销量第一名。五得利商标被评为“中国驰名商标”“最具市场竞争力品牌”。集团公司先后荣获“中国企业500强”“农业产业化国家重点龙头企业”“面业之冠”“中国食品工业百强企业”“中国食品工业优秀龙头企业”“中国小麦粉加工企业50强第一名”“中国粮油企业100强”等荣誉称号。

（六）品牌创建情况

截至2018年，河北省食品名牌233项，河北优质产品209项，河北省质量效益型企业30家，中华老字号产品15项。“今麦郎”牌方便面、“五得利”牌小麦粉、“汇福”牌食用植物油、“奥开”牌冷鲜肉、“君乐宝”牌酸奶、“衡水”牌白酒、“养元”牌核桃乳饮料、“露露”牌杏仁露、“蓝猫”牌酸枣汁饮料、“小洋人”牌含乳饮料、“高碑店”牌豆制品等一大批品牌在省内外具有较大影响。“金凤”“衡水”“三井十里香”“骊骅”“玉星”“蜂王”等品牌被授予中华老字号产品称号。

二 全省食品工业基本结构概况

（一）产品类型结构

河北省食品工业已形成4大类21个中类64个小类的产业体系。

4大类：农副食品加工业，食品制造业，酒、饮料以及精制茶制造业，烟草制品业。

21个中类：农副食品加工业包括谷物磨制、植物油加工、屠宰肉类加工等；食品制造业包括焙烤食品制造、糖果、巧克力及蜜饯制造、罐头、调味品等；酒、饮料以及精制茶制造业包括饮料和白酒、啤酒、葡萄酒等；烟草制造业包括烟业复烤、卷烟制造和其他烟草制品加工等。

64个小类：再细分为食用植物油、畜禽屠宰、肉制品及副产品加工、淀粉及淀粉制品的制造、糕点、饼干、速冻食品、味精、酱油、食醋及类似制品的制造、白酒、啤酒、葡萄酒、碳酸饮料、果蔬汁饮料、瓶装饮用水、固体饮料、烟叶复烤、卷烟制造等。

（二）企业所有制结构

全省食品行业所有制是国有、民营和股份制并存。全省规模以上企业，国有企业占3%左右，民营企业占70%左右，合资、外商独资企业占25%左右。

（三）产业分布格局

小麦粉和方便面主要集中在邢台、邯郸2市；食用植物油主要分布在秦皇岛、廊坊和衡水3市；乳制品企业主要分布在石家庄、邢台、保定、唐山、张家口5市；大型肉类加工企业主要分布在石家庄、邯郸、廊坊、唐山、秦皇岛5市；白酒企业主要分布在邯郸、衡水、保定、承德4市；啤酒主要分布在张家口、唐山、衡水、石家庄4市；葡萄酒主要分布在秦皇岛

(昌黎产区)、张家口(怀涿产区)2市;植物蛋白饮料和含乳饮料企业主要分布在石家庄、衡水、承德、沧州4市;海洋食品继续向秦皇岛、唐山、沧州等沿海地区集中;畜禽加工向石家庄、邢台、邯郸、保定等畜禽主产养殖区集中;果蔬加工向环京津地市和太行山沿线城市等区域集中或转移;豆制品企业主要分布在保定(高碑店市);调味品企业主要分布在石家庄、保定、廊坊、邯郸4市;卷烟企业分布在保定、石家庄、张家口3市。

(四)产业集中度

各市食品工业发展情况不平衡,部分市、县食品工业主营收入占全部工业的主营收入总量比例很小(见表4)。

表4　2018年各市食品工业主营收入排序对比

单位:亿元,%

地区名称	全部工业			食品工业			
	排序	本期	增减	排序	本期	增减	占比
全省		37835.47	5.57		2800.52	-3.6	7.4
唐山市	1	10328.54	12.8	5	257.14	10.4	2.49
石家庄市	2	5362.02	-14.0	1	438.71	-31.4	8.18
邯郸市	3	4976.92	9.4	2	371.33	1.3	7.46
沧州市	4	3831.98	8.9	10	125.89	-10.1	3.29
保定市	5	3439.90	2.1	7	252.64	1.1	7.34
邢台市	6	2331.16	11.6	3	327.86	15.8	14.06
廊坊市	7	2268.06	2.2	6	252.82	-0.8	11.15
秦皇岛市	8	1832.35	12.7	4	270.89	3.4	14.78
承德市	9	1218.92	10.0	11	98.93	-0.6	8.12
衡水市	10	1147.58	5.8	8	213.25	4.4	18.58
张家口市	11	1098.05	21.2	9	191.07	10.4	17.4

(五)人力资源结构

2018年全省规模以上入统企业员工20.2万人。其结构为:经营管理人员、专业技术人员、技能人员、岗位操作工。较大规模企业的经营管理人员具有大专以上学历，并有高级工程师等高职称人员和硕士、博士等高学历人员，有的建立了博士后工作站，技能人才得到培养、选拔，技师、高级技师人才占比高；中小企业经营管理人员具有大专、中专以上学历，管理水平不断提高，培养技能人才的意识增强，员工队伍素质水平不断提高。

三　食品工业基本情况

（一）食品市场情况

河北省优势食品在全国市场占有举足轻重的地位，乳制品产量居全国第1位，方便面产量在全国居第2位，小麦粉居全国第5位，葡萄酒产量居全国第6位，罐头、发酵酒精、啤酒、糖果、果汁和蔬菜汁饮料居全国第11位，精制食用植物油、白酒均居全国第13位。今麦郎牌方便面、五得利牌小麦粉、汇福牌食用植物油、长城牌葡萄酒、衡水牌老白干酒等一大批产品具有较高的市场占有率。

（二）国家与省级企业技术中心建设情况

2018年国家级企业技术中心3家：中国长城葡萄酒有限公司、河北迁西板栗集团有限公司、河北晨光生物科技有限公司。

省级企业技术中心50家，2018年新增2家：河北冠卓检测科技有限公司、秦皇岛长胜营养健康科技有限公司。全省食品行业A级研发机构10家、B级研发机构7家、C级研发机构4家。

（三）技改投资情况

2018年食品工业在建项目个数同比下降17.2%。工业完成投资同比下降3.5%，占全省工业投资的6.3%，其中：农副食品加工业同比增长0.9%，食品制造业同比增长12.3%，酒、饮料和精制茶制造业同比下降48.4%。

2018年食品行业技术改造投资同比下降11.2%，占全省技术改造投资的5.9%。其中：农副食品加工业同比下降10.4%，食品制造业同比增长2.2%，酒、饮料和精制茶制造业同比下降45.6%。

（四）食品工业经济效益分析（见表5）

表5　2018年全省食品工业主要经济指标完成情况

单位：亿元，%

指标 行业	资产合计		主营业务收入		利润总额	
	累计完成	同比增长	累计完成	同比增长	累计完成	同比增长
食品工业总计	2559.71	0.90	2800.52	-3.6	135.16	-3.2
农副食品加工业	1087.69	-6.2	1491.16	-5.1	48.10	-4.3
食品制造业	716.17	6.2	754.86	-4.4	48.20	23.1
酒、饮料和精制茶制造业	613.29	10.2	393.49	-5.0	48.84	-0.5
烟草制品业	142.55	-1.5	180.58	19.2	-9.98	-963.5

1. 农副食品加工业

农副食品加工业主营业务收入1491.16亿元，同比下降5.1%；利润总额48.1亿元，同比下降4.3%。

食用植物油加工业占全部食品的比重达14.28%，主营业务收入完成399.93亿元，同比下降5.5%，利润总额完成11.77亿元，同比增长36.5%。

谷物磨制行业占全部食品的比重达10.64%，主营业务收入完成297.94亿元，同比下降5.2%，利润总额完成9.67亿元，同比下降32.1%。

屠宰及肉类加工行业占全部食品的比重达10.97%，主营业务收入完成307.28亿元，同比下降6%，利润总额完成9.76亿元，同比增长7.1%。

蔬菜及水果加工占全部食品的比重达2.34%，主营业务收入完成65.56亿元，同比下降15.5%，利润总额完成3.36亿元，同比下降23.1%。

2. 食品制造业

食品制造业主营业务收入754.86亿元，同比下降4.4%；利润总额48.2亿元，同比增长23.1%。

乳制品制造业占全部食品的比重达11%，主营业务收入完成307.98亿元，同比增长11.1%，利润总额完成11.52亿元，同比下降10.8%。

方便食品制造业占全部食品的比重达5.44%，主营业务收入完成152.44亿元，同比下降7.6%，利润总额完成13.33亿元，同比增长93.2%。

焙烤食品制造业占全部食品的比重达3.11%，主营业务收入完成86.99亿元，同比增长9.6%，利润总额为7.09亿元，同比增长2413%。

糖果、巧克力及蜜饯制造业占全部食品的比重达1.45%，主营业务收入完成40.66亿元，同比下降41.4%，利润总额完成5.68亿元，同比下降28.6%。

罐头食品制造业占全部食品的比重达0.6%，主营业务收入完成16.89亿元，同比下降50.1%，利润总额完成1.31亿元，同比下降37%。

调味品及发酵制品制造业占全部食品的比重达1.35%，主营业务收入完成37.72亿元，同比下降10%，利润总额完成2.18亿元，同比增长13.9%。

3. 酒、饮料和精制茶制造业

酒、饮料和精制茶制造业主营业务收入373.92亿元，同比下降5%；利润总额48.84亿元，同比下降0.5%。

饮料制造业占全部食品的比重达7.33%，主营业务收入完成205.36亿元，同比下降4.5%，利润总额完成37.85亿元，同比下降0.4%。

酒的制造业占全部食品的比重达6.02%，主营业务收入完成168.55亿元，同比下降5.5%，利润总额完成10.99亿元，同比下降0.9%。

4. 烟草制品业

烟草制品业主营业务收入180.58亿元，同比增长19.2%；利润总额-9.98亿元，同比下降963.5%。

四　食品工业发展分析　食品工业发展环境分析

（一）食品工业发展有利因素

（1）中央经济工作会议明确指出，坚持以供给侧结构性改革为主线，深化要素市场化配置改革，重点在“破”“立”“降”上下功夫。深入推进供给侧结构性改革，坚持把发展经济着力点放在实体经济上，继续抓好“三去一降一补”，简政减税减费，优化营商环境，激发市场主体活力。

（2）政府出台了一系列政策，推动食品工业加速发展。河北省贯彻落实习近平总书记关于奶业振兴的系列重要指示要求，研究制定了《河北省奶业振兴规划纲要（2018－2025年）》，将对全省乳制品行业的发展起到巨大的推进作用。河北省政府印发了《关于加快推进工业转型升级建设现代化工业体系的指导意见》，省制造强省建设领导小组办公室印发了《河北省食品工业高质量三年行动计划（2018－2020年）》，着力构建“2410”产业布局，重点发展五大系列七个精品产业链条，为河北省食品工业的发展指明了方向，极大地增强了发展食品工业的信心，形成了大力发展食品工业的良好环境。

（3）河北省具有发展食品工业的农产资源优势，且河北优势食品在全国市场占有举足轻重的地位，京津冀协同发展给河北省食品工业带来一次重大发展机遇，承接北京、天津的产业转移，引进科学管理理念和先进企业文化，启发了河北食品工业的再提升思路。在压减过剩产能、调整产品结构、环保重点治理的阶段，各级政府如能发挥优势，把发展食品工业作为解决经济持续下滑问题的重点工程、重点战略来抓，可推动河北省由农产品原料大省向食品产业强省转变，使其成为全省经济发展新的增长点。

（二）食品工业发展不利因素

（1）成本问题。随着市场竞争日益激烈，企业需要不断提升自身实力和市场竞争力，这就必须重视人才，但在当前形势下，无论是管理型人才还是高科技人才，甚至在普通劳动力方面，都对企业造成了很大的成本压力，并且现阶段企业购进原料、燃料、动力的价格达到了五年来新高。

（2）源头污染问题。部分食用农产品存在超标使用农兽药和滥用添加剂现象，食品冷链物流建设滞后，食品生产销售过程的质量安全问题时有发生，食品质量安全隐患依然存在。

（3）科技创新能力不强。食品工业研发动力不足，自主研发水平较低，高附加值食品少，循环经济研究利用滞后，部分行业副产物综合利用率不高，部分产品单位能耗、水耗和污染物排放仍然较高，节能减排压力加大。

（4）企业质量管理处于低水平。企业管理理念还未从粗放式管理向科学管理转变，例如ISO9001、HACCP、ISO22000等的认证企业占比低，全产业链的追溯体系建设滞后。

（三）食品行业发展思路

（1）扶持中小企业发展。食品企业98%是中小型民营企业，靠点滴积累发展壮大，生产设备落后，大多数不具备质量检验能力，更谈不上技术研发、广告投入、企业规范管理以及信息化建设等。食品工业规模发展才能提升食品安全水平，因此我们希望各级政府提高对发展食品工业的认识，加大对中小食品企业政策、资金（研发投入、检验设施、人才培训等）的扶持力度。

（2）食品生产企业要谋划落实全产业链发展思路。推动一二三产业融合发展，把原料基地建设当作食品加工的第一车间，把住食品安全的全部关口，实现“从农田到餐桌”全程质量控制，逐步实现全产业链发展模式，生产安全食品。建议政府加大对食品企业的原料基地建设扶持力度，从源头抓起，保障舌尖上的安全。

（3）加大科技创新力度。建设共性技术创新平台，以结构调整和优化升级必需的基础工艺、基础材料为重点，集聚整合产业链各个环节的创新资源，创新组织模式；提升农副产品转化率。加快企业技术中心和研发机构建设，搭建科技创新平台，提高科技创新能力。加快两化融合，推进食品企业以应用为核心，全产业链智能化改造，建设智能工厂。完善科技人员评价和激励机制，发挥科技人员的智慧和力量。建议政府对食品企业研发的新产品给予优惠政策，对科技人员给予奖励。

（4）建设一支食品行业高技能人才队伍。提升生产经营者在政策、法规和企业精细化管理方面的水平；加强食品行业的关键岗位人才培训，提高技能，把好产品质量关，弘扬工匠精神，打造食品精品。

（5）加快食品产业追溯体系建设。企业要强化质量安全主体责任，建立上下游产业食品质量安全可查询、可控制、可追究的追溯体系和责任机制。

（6）发挥食品工业园区的功能。食品工业园区是食品工业发展的重要载体，推动食品工业向农畜产品优势区域集中，鼓励传统农区发展食品特色主导产业，聚集小微企业转型升级，提升食品产业整体水平。

（7）创新营销模式。推动服务创新，满足不同群体的消费需求；尝试社区超市、连锁经营等形式，减少加价环节，以最新鲜、最快捷方式送达消费者。

B.9

加强食品添加剂亚硝酸盐监管的若干思考

陈佩鸿*

摘　要： 本文旨在论述食品添加剂亚硝酸盐监管的治本之策。多年来，因滥用亚硝酸盐而引发的食品安全事件屡屡发生，在不同的地区、不同单位造成了不同程度的社会负面影响，也给当地的食品产业发展和人民群众的生命财产安全带来了不同程度的影响。正确处理食品安全与食品产业发展的关系，确保人民群众饮食安全，让老百姓吃得放心，遵循“四个最严”要求，不断完善食品添加剂亚硝酸盐监管制度是亟待解决的重大课题之一。本文就加强立法是解决该课题的必要性、制度设想等进行了一定探索。

关键词： 食品添加剂　亚硝酸盐　监管　立法

食品产业是与人民群众的身体健康和生命安全联系紧密的特殊行业，食品安全关系人民群众的获得感、幸福感、安全感。近年来，由食品添加剂亚硝酸盐不当使用引发的食品安全事件时有发生，食品添加剂亚硝酸盐流通与使用的监管成为食品安全监管中的明显短板，对其加强监管越发显得重要。根据河北省卫生部门2018年和2019年第一季度统计，全省报告食源性疾病事

* 陈佩鸿，河北省市场监督管理局党组成员、副局长。

件99起，发病889人，其中2例死亡病例（其中1例是由于误食野生毒蘑菇中毒所致，另1例未查明原因）。发生场所以餐饮服务单位最多，报告46起；其次为家庭，报告38起；集体食堂报告15起，其中6起为学校食堂。2018年和2019年第一季度共滥用、误用亚硝酸盐造成食物中毒的事件5起，在食源性疾病事件中占较高比重。因此，加强食品添加剂亚硝酸盐监管是政府监管部门亟须解决的重大课题。本文就解决这一课题，进行了一些有益思考。

一　亚硝酸盐物质特征及用途

亚硝酸盐是一种无机化合物（主要包括亚硝酸钠和亚硝酸钾），通常为白色粉末或者颗粒状，味微咸，易溶于水，外观及滋味都与食盐相似。亚硝酸盐在工业、建筑业中使用比较普遍，在食品加工业中是一种常用的食品添加剂，它能使肉制品颜色更好看，改善肉制品口感，同时也能起到一定的防腐作用。

国家食品安全标准《食品添加剂使用标准》（GB2760—2014）规定，作为食品添加剂使用的亚硝酸盐仅包括亚硝酸钠和亚硝酸钾，在腌腊肉制品、酱卤肉制品等生产加工中作为护色剂和防腐剂使用。

二　切实加强食品添加剂亚硝酸盐监管，是确保肉制品及其他制品安全的必然选择

亚硝酸盐具有毒性，一次性食入0.2～0.5克会引起轻度中毒，食入3克会引起重度中毒，中毒后造成人体组织缺氧，严重时甚至引起死亡。由于亚硝酸盐的性状与食盐很接近，容易被误用，因亚硝酸盐不当使用导致的食物中毒事件偶有发生。为进一步规范亚硝酸盐等食品添加剂市场经营秩序，全面加强亚硝酸盐质量安全监管，严厉打击亚硝酸盐生产经营使用违法行为，从根本上减少食用亚硝酸盐等重特大中毒事件的发生，坚决守住肉制品及其他制品食品安全底线，切实保障人民群众身体健康，切实加强食品添加剂亚硝酸盐监督管理是必然选择。原因如下。

（一）亚硝酸盐等食品添加剂违法经营使用现象较为普遍，情况令人担忧

从调研中发现，近年来发生食用亚硝酸盐重特大事件甚至死亡事件的，主要发生在食品小作坊、小餐饮和集体聚餐举办者等食品生产加工环节。有的经营者罔顾消费者生命健康，无视国家有关要求，一味追求经济利益，人为降低食品成本等，在食品生产经营过程中非法采购、贮存、超量超范围使用亚硝酸盐；有的经营者将已过保质期、不符合质量标准、工业用的亚硝酸盐、假冒伪劣亚硝酸盐等物质，用于食品生产加工过程中；有的滥用亚硝酸盐加工保存肉制品；有的在肉制品生产加工过程中反复多次使用。从调研地区食品靶向抽检检测的结果来看，超过一半以上经营者，都不同程度地存在超量超范围或非法经营使用亚硝酸盐等问题。科学研究证明，长期食用含有超限量亚硝酸盐的食品，引发“三致”问题——致癌、致畸、致突变风险概率非常高。因此，对亚硝酸盐生产经营使用者违法行为的治理迫在眉睫、势在必行。

（二）亚硝酸盐监管职责交叉、法律制度缺失等多种因素，客观上制约了监管的科学性和有效性

目前，对亚硝酸盐等食品添加剂监管的依据仅有《中华人民共和国食品安全法》（以下简称《食品安全法》）。非食品用途的亚硝酸盐的监管依据仅有《危险化学品安全管理条例》（以下简称《条例》）。其中，《食品安全法》第三十九条对包括亚硝酸盐等食品添加剂实行生产许可制度，添加食品添加剂应当符合法律、法规和食品安全标准。该法未对亚硝酸盐等食品添加剂经营使用等环节监管作出明确规定；作为非食品用途的亚硝酸盐的监管，《条例》第三条规定了安全生产监管、工业和信息化、公安、环保、卫生、质量监督检验检疫、交通运输、铁路、民用航空、农业等部门职责，原食品药品监督管理部门不在其执法主体之列。而根据《危险化学品目录（2015 版）实施指南（试行）的通知》（以下简称《通知》）之规定，亚硝酸盐等食品添加剂属于危险品目录范围的危险品。据此，根据《条例》和《通知》要求，对属于危险品的亚硝酸盐等食品添加剂监管法定职责主体应为安全生产监管部门。部门职责交叉、法律制度缺失，也是发生亚硝酸盐中毒事件的主要原因之一。

（三）监管制度和手段等尚不能完全适应监管形势，需要以法治方式加强监管

随着人们对美好生活需要的向往和市场监管体制改革的不断深入，亟须按照党的十九大精神和习近平总书记对食品安全“四个最严”的指示精神，以人民为中心理念为指导，建立河北省最严格的亚硝酸盐等食品添加剂监管制度，着力解决监管手段和制度等不完全适应监管、法律责任偏轻、重典治乱威慑作用没有充分发挥、食品安全形势依然严峻等问题，进一步提高食品安全监管能力和治理能力，以法治方式维护食品安全，为最严格的食品安全监管提供制度保障。解决亚硝酸盐等食品添加剂监管的深层次问题，需要政府及社会各界共同治理，切实将加强食品添加剂亚硝酸盐的监督管理提到重要议事日程，出台治本之策，用最大决心、下最大力气、用最管用的措施，确保人民饮食安全和生命健康。

三　多管齐下，全面实现食品添加剂亚硝酸盐生产经营使用监管的多维度立体化

（一）借鉴深圳、北京的立法经验，制定食品添加剂亚硝酸盐监管的政府规章，从法律制度上不断完善政府部门监管措施

《深圳市亚硝酸盐监督管理若干规定》（第264号令，2014年）第七条规定，禁止向餐饮服务提供者和个人销售或者提供亚硝酸盐。《北京市食品安全条例》（2007年通过、2012年修改）第三十条第三款规定，餐饮服务提供者、现场加工制售食品者、食品生产加工作坊不得购买、存放和使用亚

硝酸盐等易滥用的食品添加剂。根据河北省人民政府、北京市人民政府和天津市人民政府于2017年11月29日签订的《共建“京津冀食品和农产品质量安全示范区”合作协议》确定食品监管一体化要求，建议在河北省人大或政府立法计划中，将《河北省食品添加剂亚硝酸盐监督管理办法》（以下简称《办法》），列入其中，政府相关部门严格遵守《河北省地方立法条例》《河北省地方政府立法规定》的相关规定，在深入调研的基础上，广泛听取社会各界各方面意见和建议，结合河北省执法实践的实际情况，在《办法》制度设计、条款匹配、内容上，遵循“管用、实用与合法、合理”相结合原则，全面体现习近平总书记以人民为中心的发展思想和“四个最严”等食品安全监管的重要论述要求，贯彻省领导批示精神，力求实现食品添加剂亚硝酸盐生产经营使用全环节、全过程的监管有法可依。

（二）大力开展食品添加剂亚硝酸盐依法合理使用的科普与普法宣传，使广大老百姓明了知晓超范围超量使用食品添加剂亚硝酸盐的危害性

肉制品是老百姓餐桌的必备品和必需品，是老百姓日常生活幸福感指数高低的晴雨表。让使用食品添加剂亚硝酸盐的科学常识、法律常识走入寻常老百姓家中，让老百姓了解食品添加剂亚硝酸盐的使用标准，强化合理合法使用食品添加剂亚硝酸盐的安全意识，形成健康的饮食习惯，防止不当使用食品添加剂亚硝酸盐引发食物中毒、致人死亡的悲剧发生，增强老百姓在食品安全方面的自我保护能力，提高其自身科学素养和法治素养是保证肉制品食品安全的最经济的一道“安全阀”。

（三）压实食品生产经营企业主体责任，将严格依法合理合规使用食品添加剂亚硝酸盐作为一条铁律，不折不扣地落实到生产经营使用的全过程之中

党的十八届三中全会明确指出，建立最严格的覆盖全过程的食品安全监管制度。《食品安全法》第四条规定，食品生产经营应当依照法律、法规和

食品安全标准从事生产经营活动。遵守标准、守法生产是任何食品生产企业落实《食品安全法》的一项法定义务，履行法定义务是不能合意的就执行，不合意的就不执行，更不能为了追逐利润，擅自改变生产工艺、搞变通执行，更不能选择性执行。生乳，包装饮用水，腌渍蔬菜，腌腊肉制品，酱卤肉制品和熏、烧、烤肉等肉制品生产企业等相关企业应当从食品添加剂亚硝酸盐的采购、验收、储存与保管、计量使用等各环节，严格落实生产许可的相关制度，把控好每一个环节、每一个过程，严禁采购使用非食品添加剂的亚硝酸盐、假冒伪劣的亚硝酸盐、标识不符合法定要求的亚硝酸盐，严禁从非法渠道购进食品添加剂亚硝酸盐；严格按照《食品安全国家标准食品添加剂使用标准》（GB 2760～2014）、《食品中污染物限量》（GB 2762～2012）规定使用亚硝酸盐。同时，餐饮服务提供者严格落实原国家食品药品监管总局2018年第18号公告的规定，禁止采购、贮存、使用亚硝酸盐（包括亚硝酸钠、亚硝酸钾），严防将亚硝酸盐误作食盐加工食品。另外，参照北京市和深圳市规定，建议河北省也对食品小作坊、小餐饮、小摊点、聚餐宴席等不得购买、存放和使用亚硝酸盐等易滥用的食品添加剂明确予以规定。餐饮服务提供者公开其经营过程，公示其使用的食品原料、辅料等，实行明厨亮灶，向社会公开承诺不采购、贮存、使用亚硝酸盐（包括亚硝酸钠、亚硝酸钾），接受社会广泛监督。企业的法定代表人，应当对员工开展合理使用食品添加剂亚硝酸盐经常性的法治教育，在员工心中牢固树立“标准使用”的安全意识，使全员做到警钟长鸣。

（四）适时修改《关于办理危害食品安全刑事案件适用法律若干问题的解释》（以下简称《解释》），对违法者严惩重处

当前，滥用、超范围、超量使用食品添加剂亚硝酸盐的违法犯罪行为屡禁不止，因误食亚硝酸盐食物中毒的食品安全事件时有发生，严重危害人民群众生命和身体健康。产生上述现象，食品安全案件移送难、难移送是主要原因之一。政府执法部门与司法部门就食品安全刑事案件的追诉标准、证据规格、犯罪构成要件等认识模糊、不统一，是造成案件移送难、难移送的最

根本原因。现实司法实践中，司法部门将滥用、超范围、超量使用食品添加剂亚硝酸盐的犯罪行为一律按照《解释》第一条至第四条规定，判定为生产、销售不符合食品安全罪，而需要作为定罪的主要证据就是执法部门出具判定危害后果的鉴定意见，但是，造成食品安全危害的原因是复杂的，也是多样的，执法部门要想出具鉴定意见的也因认识能力不足、专业人员不足、检验能力不足等多种原因，力不从心、勉为其难，致使案件因缺少关键证据而难以移送。为了严厉打击犯罪行为，建议最高法、最高检将《解释》适时修改，将滥用、超范围、超量使用食品添加剂的行为一律规定为生产、销售有毒、有害食品罪的犯罪行为，不再适用《解释》将其列入生产、销售不符合食品安全标准罪进行刑事处罚的规定。这样将现行的滥用、超范围、超量使用食品添加剂亚硝酸盐的行为定罪从危险犯改为行为犯，降低了入罪标准和门槛，从而解决执法实践中对滥用、超范围、超量使用食品添加剂亚硝酸盐造成多大危害的判定难题。执法部门只要有滥用、超范围、超量使用食品添加剂亚硝酸盐故意的证据即可案件移送司法部门，从而达到了严厉惩处犯罪的目的。

四　适应食品安全监管新形势，着力提高《河北省食品添加剂亚硝酸盐监督管理办法》立法质量，为食品安全提供有力法治保障

围绕党的十八届三中全会决定关于建立最严格的食品安全监管制度、党的十九大报告明确提出的食品安全战略和遵循习近平总书记“四个最严”要求，制定《办法》的思路主要把握了以下几点。一是坚持立法工作正确的政治方向。牢固树立“四个意识”、坚定“四个自信”、坚决做到“两个维护”，自觉在习近平以人民为中心的发展思想指导下找准立法方向、确定立法原则、把握立法精神、明确立法思路、设计主要制度，确保《办法》的法律制度原则和精神与党中央、国务院和省委省政府有关食品安全监管决策部署与要求保持高度一致。二是坚持党组对《办法》立法工作的领导。

党组书记、其他党组成员等领导，亲自动手、亲自研讨有关条文，还多次带队赴各地基层调研，多次召开立法协调会议，为《办法》定调把航。起草小组坚决贯彻将党组指示精神、把党组要求转化为《办法》的具体条文。三是强化目标和问题导向，增强立法的针对性。在起草《办法（草案）》过程中，我们严格遵守《河北省地方立法条例》《河北省地方政府立法规定》的相关规定，在深入调研的基础上，广泛听取社会各界各方面意见和建议，结合河北省执法实践的实际情况，在《办法（草案）》制度设计、条款匹配、内容上，遵循“管用、实用与合法、合理”相结合原则，全面体现习近平总书记有关食品安全监管的重要论述要求和贯彻省领导批示精神，力求实现全环节、全过程的监管，确保《办法》经得起历史、实践的检验。

五　对《河北省食品添加剂亚硝酸盐监督管理办法（草案）》主要内容的设想

笔者认为，《办法（草案）》应当从切实规范亚硝酸盐等食品添加剂市场经营秩序、进一步加强亚硝酸盐质量安全监管、严厉打击亚硝酸盐违法犯罪行为、从根本上减少食用亚硝酸盐等重特大中毒事件的发生、坚决守住食品安全底线、切实保障全省人民群众身体健康六个方面来思考推敲起草《办法（草案）》。

《办法（草案）》应当有以下内容。

一是明确亚硝酸盐监管主体。《办法（草案）》首要解决亚硝酸亚监管的执法主体，明确其监管部门及其职责，力求避免部门之间法律边界不清、推诿扯皮。《办法（草案）》可以规定，食品安全监管、质量监督、安全生产监管、住房城乡建设、公安、环境保护等部门（以下统称有关行政部门），按照本《办法》确定的职责依法对亚硝酸盐的生产经营进行监督管理。

二是体现执法重心下移的要求。明确基层政府（办事处）和基层组织的法定职责，打通食品安全监管“最后一公里”。按照中共中央办公厅、国务院办公厅2018年11月26日印发《关于深化市场监管综合行政执法改革的指导意见》（中办发〔2018〕62号）、市场监管总局《关于贯彻落实〈关于深化市场监管综合行政执法改革的指导意见〉的通知》（国市监稽〔2019〕47号）等文件精神，《办法（草案）》应当将食品添加剂亚硝酸盐监管职责落实到乡（镇）人民政府、街道办事处，由其负责本区域内亚硝酸盐生产经营的隐患排查、信息报告、协助执法、宣传教育等工作。村（居）民委员会应当协助乡（镇）人民政府、街道办事处开展亚硝酸盐隐患排查等工作，及时向有关行政部门报告违法生产经营亚硝酸盐的情况。

三是明确食品添加剂亚硝酸盐生产经营者的安全责任和管理制度。食品添加剂亚硝酸盐生产经营者是食品安全的第一责任人，企业管理制度在落实食品安全责任方面具有基础性地位，创新管理制度是《办法（草案）》的关键之处。所以，《办法（草案）》应当以问题为导向，多些笔墨全面规定食品添加剂亚硝酸盐生产经营者的主体责任、进货查验、台账记录、票据保存、责任制等一系列管理义务，严格落实食品添加剂亚硝酸盐生产经营者主体责任。

四是明确餐饮服务经营者和单位食堂、现场加工制售食品者、食品加工小作坊、红白喜丧事等宴席聚餐举办者不得购买、存放、使用食品添加剂亚硝酸盐。为了防止误用、滥用亚硝酸盐而引发食物中毒事件发生，确保消费者生命安全，《办法（草案）》应当根据近些年发生食品安全事件的原因，按照京津冀食品安全一体化要求，借鉴北京、重庆、深圳等地立法经验，结合河北省实际，全面禁止上述六类市场主体购买、存放、使用亚硝酸盐。据了解，如能确立这种制度，将在全国开创立法的先河，会产生广泛而深远的影响。

五是明确亚硝酸盐纳入危险品进行管理，进一步加强对亚硝酸盐的监管。亚硝酸盐具有危险品和食品添加剂“双重身份”。根据《条例》有关规定，《办法（草案）》应当要求购买者购买亚硝酸盐时，销售者必须“验明正身”，审查其购买用途、相关证件，履行台账登记、保存资料等。

六是明确亚硝酸盐标示、说明书和包装载明内容的要求。消费者是根据亚硝酸盐标示、说明书和包装等来选择商品的，这些标示、说明书和包装的清晰明确对保护消费者合法权益至关重要。所以，根据《条例》和河北省实际情况，切实保障消费者知情权，防止误用现象发生，《办法（草案）》应当规定在河北省销售的食品添加剂亚硝酸盐必须载明使用量、警示语“超剂（限）量使用可导致中毒或死亡”或“有毒慎用”等字样，确保不发生误用、滥用和不当使用。

七是加大对《办法（草案）》未经许可购进、销售、运输、使用等违法行为的处罚力度。目前，一些食品生产经营者唯利是图、主体责任意识不强，违法成本较低，加大处罚力度，使法律长出“牙齿”，严惩重处，彰显《办法（草案）》对违法行为者的震慑力，就需要在法律责任的设计上，将违法罚款起点调高，比较符合《食品安全法》精神。

B.10

以冬奥会为契机建立完善重大活动食品安全保障体系

王中原*

摘　要：　2008 年北京奥运会期间没有发生一起食品安全事件，运动员及世界各地观众游客均给予了高度评价，为我国食品安全的日常监管以及各类重大活动保障奠定了良好的基础。北京携手张家口成功申办2022 年冬奥会和冬残奥会，同时，国家持续深化改革开放，坚持推进“一带一路”建设，常态化承办国际性重大活动、会议、论坛、赛事。新时代的食品安全保障工作国际化、专业化程度高，对我们提出了更高的要求。

本文意在以国际体育盛会—冬奥会的筹办和保障为例，探索重大活动全链条、全环节食品安全供应保障机制，创新食品安全监管方式，提升食品安全控制水平，为有力有序有效保障国际、国内各类重大活动的食品安全提供思路。

关键词：　冬奥会　重大活动　食品安全

近年来，国家各级市场监管部门高度重视食品安全工作，特别是我国持续深化改革开放，坚持推进“一带一路”建设，常态化承办国际性重大活

* 王中原，河北省市场监督管理局重大活动食品安全保障处主任科员。

动、会议、论坛、赛事。中国盛情邀请各方国际友人到来的同时，如何保障食品安全，是确保各类重大活动顺利开展的核心问题。

2008 年北京奥运会期间没有发生一起食品安全事件，运动员及世界各地观众游客均给予了高度评价，整个赛时和筹办过程中的食品安全保障工作积累了丰富的实践经验，为我国食品安全的日常监管以及各类重大活动保障奠定了良好的基础。时隔十余年，北京携手张家口成功申办 2022 年冬奥会和冬残奥会，提出“绿色、共享、开放、廉洁”办奥理念以及精彩、非凡、卓越的办奥目标。筹办冬奥会是一个非常庞大、复杂的系统工程，国际化程度高、专业化程度高，极具特殊性、富有挑战性，在筹办过程和赛时保障中，赛会服务相关工作将是确保赛事顺利举办的重要保障，而食品安全保障工作，要求高、标准严、规模大，可以说是冬奥会赛会服务的重中之重，也是衡量奥运会举办成功与否的重要标准之一。

一　重大活动食品安全保障的目的

食品安全（food safety）指食品无毒、无害，符合应当有的营养要求，对人身体健康不造成任何急性、亚急性或者慢性危害。重大活动食品安全保障，一般指的是为保证某一项大型活动、会议所供应的食品安全，针对餐饮服务环节所采取的一系列监管防控措施。

冬奥会作为国际奥林匹克盛会，参与人数众多、社会影响力大、国际关注度高，同时筹办过程具有周密的计划性和鲜明的目的性，其所供应的食品安全涉及种养殖、生产加工、包装贮运、销售餐饮等全部环节，需要在充分考虑各国/地区餐饮文化差异和不同利益群体用餐需求，以及提供统一标准、统一水平、具有中国特色饮食文化的优质餐饮服务，满足利益相关方多样化的营养、文化、宗教习惯等因素的饮食需求的基础上，保障食品的安全有序充足供应。因此，概括出一项重大活动食品安全保障工作的目的包括以下三个方面。

（一）最大限度降低食品安全风险隐患

食品安全没有零风险。无论是自己种植还是规模化种植，无论是初级农产品还是加工制作后的食品，无论谁来生产谁来监管，没有任何部门机构能够保证食品的零风险。食品安全监管或者为一项重大活动提供食品安全保障，不是要承诺零风险，而是要将风险降得越低越好，降到风险可控的范围，有效避免风险演变为实际危害。

（二）全面统筹优化食品安全监管资源

鉴于我国所处历史发展阶段，食品安全形势依然复杂严峻。食品安全的风险在不同阶段都可能存在，比如种养殖环节农药兽药残留超标的风险，环境污染造成食品中重金属超标的风险，运输环节贮存中发生霉菌污染的风险，以及人为非法添加非食用物质、食品添加剂的超范围、超限量使用的问题，制假、掺假、售假等违法行为。因此，针对一项重大活动开展食品安全保障工作，其主要目的也在于统筹食品在各环节、各阶段、各部门间的监管职责。

（三）有力维护良好形象

冬奥会等重大赛事活动的承办，是我国综合实力的集中体现。确保赛事举办期间餐饮食品供应的安全、充足、有序，是展现中国新时代的经济发展成果，向世界讲述中国文化的重要途径。特别是国际性体育赛事，食品安全保障还被赋予了维护体育竞技公平公正的神圣职责，是有力维护国家形象的重要保证。

二　重大活动食品安全环节管控

一项重大活动的食品安全供应是成功举办的重要标志，也关系到活动各相关方的切身利益。冬奥会的筹办为进一步提升食品安全保障工作的整体能力水平提供了良好的发展契机，我们应采取更坚决的措施，强化全方位、全过程食品安全保障。

因此，有必要探索建立冬奥会食品安全保障联动协作机制。这不仅需要冬奥会赛会服务管理部门统筹工作任务安排部署，改变各行政职能部门间阶段式的食品安全监管模式，提高监管的针对性和实效性，而且还要打破地区区域间的限制，满足全链条、全环节的监管要求。建立这一机制应当在国际和国家冬奥会组织机构的统一指导下，要符合法律法规要求，合理界定政府与赛事的关系、政府与市场之间的关系以及赛事各利益相关方之间的关系。笔者建议，冬奥会食品安全保障协同防控协作机制应考虑从以下几个方面着手推进。

（一）规范食用农产品、食品原材料安全供应

冬奥会的利益相关方中最关键也是最特殊的一类人群就是运动员。运动员对于食品安全标准的严格要求体现在，食品中兴奋剂类违禁物质或能够产生相似效用的其他违禁物质的限量要求，远高于我们日常对于食品安全标准的界定。因此，按照国际惯例，冬奥会的食用农产品、食品原材料供应，必须提前划定一定资格限定的基地且要全面防控和监管。一是加强对高毒农药等违禁投入品的监管，推进农产品种植基地标准化管理，完善农产品质量标准体系，加强无公害农产品生产基地基础设施建设，建立健全农产品监督检测体系。二是对食用农产品种植和生产环境（空气、土壤、水环境等）进行动态监测，建立健全安全状况数据库。三是对畜禽养殖基地要严格控制激素、抗生素等兽药的使用，探索先进的养殖技术手段，并提前对基地准出产品实行批批自检，做好记录，确保全部合格，建立健全产品安全状况信息库。

（二）严格进口食品市场准入制度

进口食品首先应保证符合我国食品安全国家标准，进口食品代理商必须

在国家出入境检验检疫部门备案，严格禁止非注册企业经营进口食品。冬奥会进口食品供应企业在获得准入资格的基础上，要随附输出国家或者地区政府动植物检疫机关出具的检验证书，并且需提供符合奥运食品安全标准要求的产品检测报告。同时，监管部门还需要建立针对某一重大活动进口食品的检验检测计划方案，还应考虑运输、贮存、使用等环节，对进口食品予以规范和区分。

（三）强化食品生产加工过程控制

按照《食品安全法》有关要求和“预防为主、规范管理、属地负责、分级监督”的原则，冬奥会预包装食品供应企业，必须接受监管部门的监督检查。对于供奥预包装食品，凡属活动举办地辖区企业的，一律按照专线生产、专批检验、专车运输、专人出入库保管的标准进行管控；对于涉及外地供应的，由辖区监管部门商请实施协同监管或由上级监管部门统筹管理。此外，鼓励涉奥食品生产企业积极主动开展危害分析关键控制点（HACCP）管理体系认证工作，提前开展出厂产品批批自检，做好记录，确保产品全部合格。

（四）加强食品运输、仓储、贮存环节管控

考虑到冬奥会对于食品安全的严格要求，以及食用农产品、食品原材料等固定基地生产、固定餐饮供应的特点，建设高效的食品冷链物流体系是非常必要的，其核心点位就是专门的食品物流配送中心（食总仓），制定入仓出仓“准出准入”规范，有效运用“互联网＋”等科技手段，对所有供奥食品全部加贴电子标签，实现冬奥会食品生产流通运输使用等环节的无缝衔接。食品运输过程要全面实行统一调配、统一管控。设置必要的技防、反恐设施设备，对需要保持低温冷藏和冷冻的食品实行全程温度监控。同时，对食品运输车辆实行统一标识，做到专车专用、封闭运输，由固定人员驾驶、双岗押运，配备卫星定位系统，严格按照规定路线行驶，运输过程中保持信息畅通。

（五）执行餐饮服务食品安全最严操作规范

一是全面评估区域内供餐区域食品安全状况。强化餐饮服务企业和集体用餐单位量化分级管理，对食品原材料、从业人员、厨房及餐厅设施设备、就餐环境卫生状况等进行全面检查，加强食品原料、操作过程、餐饮具洗消及餐厨垃圾处理等情况的检查，有效排查各类食品安全风险隐患。

二是制定餐饮服务设备设施及操作规范。针对不同区域所处的环境不同、气候温度差异大的特点，对核心区域内餐饮服务设施设备和加工制作操作各环节标准进行细化完善，明确各环节岗位工作标准，加强对关键点的监管和指导。

三是严格食品安全保障监管工作程序。严格选派食品安全保障人员对供餐点位进行驻点监管，根据《餐饮服务食品安全操作规范》对餐饮服务提供者进行现场审查，按照环境检查、原材料管控、库房检查、加工设施设备工用具检查、餐饮具消毒情况检查、从业人员健康检查等环节检查的程序开展驻点监管。对供应的食品及食品原料进行查验和食品安全现场快速检测，发现可疑食品应立即停止使用。督促餐饮服务提供者按照相关规定留样并做好留样记录。

（六）做好外围社会运行层面食品安全管制

一是核心区域外围全面实施市场准入制度，严格审查和发放食品生产经营许可证和营业执照，对周边地区旅游景点、人员密集区域、高速公路服务区、港航交通枢纽等重点区域的食品经营场所加大监督检查力度，制定并有效实施赛时巡查监管规范。

二是加强保健食品监督管理。鉴于保健食品等特殊食品中可能含有硫黄酸、咖啡因等致中枢神经兴奋的物质，冬奥会等大型体育赛事期间有必要对一定范围内的保健食品予以严格管控，制定特殊时期保健食品销售、使用管理要求，同时加大对保健食品检查力度，严厉打击违法添加药物及未经批准成分的违法行为，并且应严格进口保健食品的管理。

三是全面推进农贸市场的规范提升工作。加强农贸市场硬件设施建设，确保重点地区周边的农产品批发零售市场全部达到规范建设相关标准。全面推行辖区食用农产品市场管理规范，建立科学的市场监管体系，规范交易行为。

除冬奥会外，承办的其他国际性重大活动均有必要对外围社会层面强化管控措施，对特殊时段所实施的一系列食品安全保障措施转化为长效监管机制，广泛用于食品安全的日常监管工作中，有效提升食品安全监管能力和水平，明确重大活动食品安全保障工作是服务于广大人民群众、服务于社会发展需要的理念。

三　建立重大活动食品安全保障体系

基于上述食品安全各个环节的管控需求，重大活动食品安全保障工作应当尽快完善协作机制，这不仅要求各监管部门在特定业务上密切合作，而且要求活动组织方和地方政府之间在一定层面上协调统一。同时，要加强食品安全标准体系建设，推进地方食品安全标准、特定行业食品安全标准、行业协会团体等食品安全标准的制定完善工作，在食品安全协调指挥、食品追溯、食品安全检验检测、食品安全应急处置等方面建立机制，从而形成重大活动食品安全保障的制度体系。以冬奥会食品安全保障为例，在重大活动食品安全保障工作中应建立完善以下制度机制。

（一）食品安全保障协调指挥机制

冬奥会筹备及赛时期间，成立冬奥会食品安全保障工作指挥部，由赛会服务部门与地方政府、监管部门人员共同组成，负责组织协调冬奥会食品的供应基地监管监控、运输贮存过程安全控制、核心区域场馆及签约酒店等重点范围内的食品安全监管，以及食品反恐和突发事件应急处理等工作。要与国家部委共同建立协作机制，做好全国范围内各类食品、食品原材料的安全供应保障工作，实现冬奥会食品统一行政裁量标准，建立监管形式与措施会商、联合执法、行刑执法衔接、信息共享、事故处置等联动机制，凝聚齐抓共管合力。

（二）食品全链条可追溯机制

建立冬奥会食品大数据库，涵盖供奥食品种养殖基地、物流配送单位、生产加工单位、进口食品企业、餐饮服务商等相关单位所供应食品和人员的各类数据，实现对冬奥会食品动态监测及赛时场馆内外监管情况的数据收集汇总。对所有供奥食品制定特定的追溯编码规则，综合运用二维码、电子标签、彩虹码、NFC 等智能读写加密传输功能，结合对运输车辆的封签押运管理和线路定位管控，实现从农田到餐桌全过程的跟踪和追溯。在确保统一调配、保障供应需求的前提下，实现从供应基地到生产加工企业、从仓储物流中心到餐饮供应商的全过程管理，实现食品来源和流向的全程记录。

（三）食品检验检测协同机制

以世界卫生组织食品安全标准为基础，以我国食品安全标准为核心，以欧盟及国外先进的食品标准为补充参考，建立冬奥会食品安全标准和检验检测规范。组织食用农产品种养殖、食品检验检测、标准化管理等方面专家成立工作组，对冬奥会食源性兴奋剂禁物清单、检验标准和方法、种植养殖和生产加工过程管控、实验室认证认可等提出切实可行的标准规范，建立冬奥会食品供应基地环境监测和食品安全检测实验室检验体系，实现农业、林业、食品生产经营、现场快速检测等各领域食品安全检验检测领域的统筹协同。

（四）食品安全应急处置机制

冬奥会赛时一旦发生食品安全情况，将严重影响活动正常开展，同时对食品的后续供应提出严峻考验，必须反应迅速、协调一致，及时有效采取处置应对措施。应当建立完善冬奥会食品安全事件应急处置机制，做好信息保障、医疗保障、人员技术保障、物资经费保障、宣传教育保障等工作，处理好信息通告、应急响应、善后处置等重点环节，特别是应建立健全食品安全预防预警机制，建立食源性疾病、食品污染和食品中有害因素检测体系，全面提高综合处理突发食品安全事件的能力。

四 结语

总体来说，重大活动食品安全保障工作，实际上存在着国家安全与发展、食品安全与民生双重考验，也是新时代新形势下对食品安全监管部门提出的更高要求。重大活动食品安全保障工作，应当是建立在各部门各环节食品安全有效监管的基础上，贯彻落实国家和地方政府要求，立足于有力提升食品安全的整体水平，按照活动主办方程序和需求，做好全流程安全监管工作，处理好食品安全监管与组织供应的关系，确保活动举办期间餐饮食品供应的安全、充足、有序。

相信随着国民经济发展，国家科学技术、大众知识水平提高，在监管部门不遗余力强化监管能力的同时，我国的食品安全制度将更加健全、监管将更加严格、惩戒将更加有力、安全将更有保障。重大活动食品安全保障工作也必将为展现中国新时代经济发展成果和社会发展水平提供全方位的支撑。

B.11
特殊医学用途配方食品行业研究报告

史国华　张兰天　张　岩*

摘　要： 特殊医学用途配方食品是我国新兴产业，本文立足国际视野，深入研究了该类产品的定义、分类、政策管理、技术标准和行业现状，剖析了我国行业发展存在的问题，并从战略角度展望了特殊医学用途配方食品行业发展的未来。

关键词： 特殊医学用途配方食品　特定疾病人群　行业发展

随着我国经济飞速发展、社会不断进步、人民生活水平持续提高，消费者对营养的需求日益增加，食品的功能不再局限于满足温饱，具有提供营养支持、保持人体健康、有效恢复身体机能等特殊用途的食品受到消费者的青睐。尤其对于特殊人群如医院病患者、老年人、亚健康人群、过敏人群等，他们无法通过正常饮食摄入足够营养，需要通过特殊类食品提供针对性的营养支持，由此，特殊医学用途配方食品应运而生。

一　定义和分类

（一）定义

特殊医学用途配方食品在部分国家（组织）有不同的名称，例如国际

* 史国华，河北省食品检验研究院主任药师，长期从事食品安全检测与研究工作；张兰天，河北省食品检验研究院正高级工程师，长期从事食品安全检测与研究工作；张岩，河北省食品检验研究院研究员，长期从事食品安全检测与研究工作。

食品法典委员会（CAC）称为“特殊医学用途食品”，美国称为“医用食品”，欧盟称为“特殊医用食品”，澳大利亚/新西兰称为“特殊医学用途配方食品”，日本称为“病人用特别用途食品”。我国称为“特殊医学用途配方食品”（foods for special medical purposes，FSMP），并在 GB 29922－2013《食品安全国家标准 特殊医学用途配方食品通则》给出明确定义：FSMP 是为了满足进食受限、消化吸收障碍、代谢紊乱或特定疾病状态人群对营养素或膳食的特殊需要，专门加工配制而成的配方食品。该类产品必须在医生或临床营养师的指导下，单独食用或与其他食品配合食用。

（二）分类

FSMP 产品在不同国家（组织）有不同的分类方法。CAC 将 FSMP 分为两类，一类是特殊医用婴儿配方食品，主要面向 0～1 岁婴儿，另一类是特殊医学用途食品，主要面向 1 岁以上人群。美国食品药品监督管理局（FDA）将 FSMP 分为全营养配方、非全营养配方、1 岁以上代谢紊乱病人配方和口服补水产品四类。欧盟遵循欧盟食品安全委员会（SCF）的建议，将 FSMP 分为全营养配方、特定全营养配方和非全营养配方三类，其中全营养配方食品，按年龄分为婴儿、1～10 岁人群和 10 岁以上人群三类。澳大利亚/新西兰没有明确产品的分类，但在婴儿配方食品中，对无乳糖配方食品、早产/低体重婴儿配方食品、蛋白改变配方食品分别作了描述和规定。日本将 FSMP 分为两种，一种为标准型配方，包括全营养食品、低蛋白食品、无乳糖食品、除过敏原食品四类，另一类为非标准型配方。

我国的 FSMP 产品按年龄、营养类型、配方进行分类。

1. 按年龄分类

FSMP 包括针对 1 岁以下人群产品、1～10 岁人群产品和 10 岁以上人群产品三类。

2. 按营养类型分类

FSMP 包括全营养配方、特定全营养配方、非全营养配方三类产品。①全营养配方食品是可作为单一营养来源满足目标人群营养需求的产品，其营养成分，如蛋白质、脂肪、维生素、矿物质等含量均衡，能够满足患者日常营养需求。②特定全营养配方食品是可作为单一营养来源能够满足目标人群在特定疾病或医学状况下营养需求的产品，其营养成分根据不同疾病患者对饮食的特殊要求调整含量的高低，如糖尿病患者的配方食品会考虑配方的血糖指数（GI），一般采用低碳水化合物、优质蛋白质的配方；肾病患者的配方食品在保证患者营养需求的前提下，根据透析情况降低蛋白质的含量，限制钠、钾和磷的摄入；肿瘤患者的配方食品会针对患者能量消耗异常和恶病质的特点，提高蛋白质，增加优质氨基酸、维生素等营养素的含量，增强患者的免疫功能；肝病患者的配方食品会考虑限制脂肪的摄入，增加维生素的补充；炎性肠病患者的配方食品则采用低纤维、低脂肪、低乳糖或无乳糖、肽或氨基酸代替蛋白质的配方设计，减轻炎症反应，预防肠道萎缩，维持肠道与体内激素的平衡。蛋白质过敏配方食品一般通过水解工艺将易引起过敏反应的大分子蛋白水解为短肽及游离氨基酸，去除过敏源。③非全营养配方食品主要是各种组件，如蛋白质（氨基酸）组件、脂肪（脂肪酸）组件等，主要配合其他食品共同使用，不能作为单一营养来源满足目标人群的营养需求。

3. 按配方分类

FSMP 包括无乳糖或低乳糖配方、乳蛋白部分水解配方、乳蛋白深度水解配方或氨基酸配方、早产/低体重婴儿配方、氨基酸代谢配方等。①无乳糖或低乳糖配方食品主要为原发性或继发性乳糖不耐受人群提供营养，食用人群大多为婴儿。由于婴儿存在先天不耐受或其他原因（如腹泻），导致肠道中乳糖酶活性下降或停止分泌，不能被水解的乳糖在大肠内被细菌分解产酸产气，引起肠胃胀气、腹痛。该类配方产品采用葡萄糖、玉米糖浆、糊精、麦芽糊精等，全部或部分代替婴儿配方食品中的乳糖，解决乳糖不耐受的问题。②乳蛋白部分水解配方食品主要面向对乳蛋白过敏高风险人群，该类产品将乳蛋白水解为易消化的小分子肽段、氨基酸，降低食用者对乳蛋白分子过敏的风险。③乳蛋白深度水解配方或氨基酸配方食品不含有或含有少量的完整蛋白，蛋白通过一定工艺水解为短肽及游离氨基酸，或直接以单体氨基酸作为蛋白质来源，大幅降低了食用者的过敏风险。④早产/低体重婴儿配方食品中能量、蛋白质、维生素和矿物质等营养成分的含量明显高于普通婴儿配方食品，并且采用易消化吸收的中链脂肪作为脂肪的部分来源，且总量不超过总脂肪的40%。⑤氨基酸代谢配方食品为氨基酸代谢障碍人群食用，涉及苯丙酮尿症、枫糖尿症、丙酸血症/甲基丙二酸血症、酪氨酸血症、高胱氨酸尿症、戊二酸血症I型、异戊酸血症、尿素循环障碍等，这类病是由于遗传因素造成某些酶的缺陷，使一种或几种氨基酸在人体内代谢发生障碍，导致患者生长发育迟滞、智力发育障碍。氨基酸代谢配方食品不能作为患者的唯一营养来源，且配方中氨基酸的组成和含量应针对不同氨基酸代谢疾病，限制相应的氨基酸，适当调整其他氨基酸组成，满足患者的营养需求。

二 政策管理

（一）美国

FSMP起源于美国，1988年的药品法修订版就提出“医用食品”的定义，但至今没有制定产品标准，其管理依据美国食品药品监督管理局（FDA）发布的《医用食品的进口和生产指导原则》，其中规定了FSMP的定义、类别、生产、抽样、检验、判定等内容。美国管理FSMP相对宽松，新产品上市不需要注册和批准，生产厂家注册即可，食品添加剂和营养强化剂的使用也无特别规定，但对于新成分/新原料的使用必须经过GRAS（Generally Recognized as Safe，FDA评价食品添加剂的安全性指标）评估后方可使用。2006年，FDA新修订的医用食品生产监管管理办法规定，FDA每年应对本州所在地的医用食品进行现场审查，并抽取样品送至指定实验室进行营养素、微生物的检测和标签标识的审核。

（二）欧盟

欧盟于1996年就开始FSMP的政策研究，SCF发表《特殊医用食品的观点》，提出 FSMP 是特殊膳食类食品，并为 FSMP 的分类、营养素含量、食品添加剂使用等方面的政策制定提供了科学理论和依据。目前，欧盟制定了《特殊医用食品指令》《可用于特殊营养目的用食品中的营养物质名单》《可用于婴幼儿、特殊医用食品和体重控制代餐类食品中的营养物质名单》《特殊医用食品的具体成分和信息要求》等指令和文件，详细规定了 FSMP 的定义、分类、标签、新物质申报程序、上市前申报及审批等内容，是较完善的 FSMP 管理体系。另外，欧盟规定 FSMP 生产企业的注册和监管应当符合欧盟关于食品企业生产和监管的相关要求，FSMP 产品在欧盟成员国上市前需要通知当地相关政府，并且部分成员国只允许产品在医院、药店和康复中心销售。欧盟各成员国均需遵循上述法规的要求，并在此基础上制定适用于本国的通报程序和文件。

（三）澳大利亚/新西兰

澳大利亚/新西兰食品标准局（FSANZ）于 2002 年发布 FSMP 产品标准《特殊医学用途配方食品》，定义 FSMP 属于特殊膳食类食品，从定义、销售、营养素含量、标签标识等方面规定了 FSMP 的详细内容。针对 1 岁以下婴儿的 FSMP 食品，澳新将其放入《婴儿配方食品》中进行管理。FSMP 中食品添加剂的使用依据《食品添加剂使用标准》，营养强化剂的使用依据《特殊医学用途配方食品》《婴儿配方食品》，新成分/新原料的管理与普通食品相同。目前，澳新没有规定 FSMP 上市前需注册审批。

（四）中国

我国对 FSMP 的政策管理分为四个阶段。

1. 临床营养学的形成（1970 ~2000年）

20 世纪 70 年代，我国医院引入“营养支持”的概念，“静脉营养”和“要素膳”等以药品的身份用于改善患者的营养状态，降低患者的并发症，逐渐静脉营养发展为“肠外营养制剂（PN）”，要素膳发展为“肠内营养制剂（EN）”，并在临床应用，我国临床营养学逐步形成。

2. 肠内营养的发展（2000～2009年）

随着临床营养学的发展，中华医学会肠外肠内营养学分会（CSPEN）于2004年成立，旨在促进我国肠外肠内营养的合理应用，为患者提供安全、有效和具有良好效价比的营养治疗，标志着我国肠内营养发展进入新阶段。CSPEN编写的《肠外肠内营养学临床“指南”系列》为研究和规范EN的分类、方案、使用、配制提供了理论依据。随着EN的广泛应用，EN较PN的优势逐渐凸显，EN属于生理性营养支持途径，在给予患者营养支持的同时，能够维持肠道功能，更利于患者恢复健康，因此，EN在我国快速发展，相关政策相继出台。2000年，《国家基本药物目录》将EN分为要素型（氨基酸型和短肽型）和非要素型（整蛋白型）。2002年，中华医学会提出EN包括成分型（氨基酸型、短肽型）和非成分型（整蛋白型）。2004年，北京地区肠内营养专家、基本药物办公室、原国家食品药品管理监督局药品评价中心等专家研究认为，EN包括要素型、非要素型和组件型。2009年，原国家卫计委发布《国家处方集》，将EN分为通用型和疾病特异两大类。综合以上内容，这段时间，FSMP的前身EN以药品的身份在临床广泛使用，其功能、分类和管理方面的研究经验为我国制定FSMP相关标准和出台相关政策奠定了基础。

3. FSMP初登历史舞台（2009～2015年）

2010年，我国发布《食品安全国家标准　特殊医学用途婴儿配方食品通则》（GB 25596－2010），规定了适用于1岁以下婴儿的FSMP，该标准的发布是我国在FSMP领域的首次探索。2013年，我国又相继发布了《食品安全国家标准　特殊医学用途配方食品通则》（GB 29922－2013）、《食品安全国家标准　特殊医学用途配方食品良好生产规范》（GB 29923－2013），对FSMP的定义、类别、营养要求、技术要求、标签标识和生产规范等作出了规定，并指出FSMP的配方设计应以医学和（或）营养学的研究结果为依据，其安全性及临床效果均需要经过科学证实，规定了其生产过程中原料采购、加工、包装、贮存和运输等环节的场所、设施、人员的基本要求和管理准则。2015年，新食品安全法进一步明确了FSMP的“食品”身份，结束了FSMP以药品身份进行注册管理的历史，标志着FSMP将进入全新发展的历史阶段。

4. FSMP 政策不断完善（2016年至今）

2016～2019 年，我国连续发布 10 余个 FSMP 相关标准和管理文件，从注册到生产、从产品标准到临床应用，填补了多个国内和国际空白，多角度多层次标志着我国 FSMP 政策不断完善。

其中，FSMP 注册管理的相关文件，如《特殊医学用途配方食品注册管理办法》《特殊医学用途配方食品稳定性研究（试行）》《特殊医学用途配方食品注册申请材料项目与要求（试行）》《特殊医学用途配方食品临床试验质量管理规范（试行）》的发布，旨在加强 FSMP 的注册管理，保证 FSMP 的质量安全，为 FSMP 的监管提供了制度保障和技术支撑。

FSMP 产品标准的相关文件，如《食品安全国家标准　糖尿病全营养配方食品（征求意见稿）》《食品安全国家标准　炎性肠病全营养配方食品（征求意见稿）》《食品安全国家标准　肿瘤全营养配方食品（征求意见稿）》《特殊医学用途配方食品糖尿病临床试验指导原则（征求意见稿）》《特殊医学用途配方食品炎性肠病临床试验指导原则（征求意见稿）》《特殊医学用途配方食品肾病临床试验指导原则（征求意见稿）》《特殊医学用途配方食品肌肉衰减综合症临床试验指导原则（征求意见稿）》的发布，解决了我国尚无特定全营养产品标准的问题。

FSMP 生产许可的相关文件，如《特殊医学用途配方食品生产许可审查细则》的发布，旨在规范 FSMP 生产许可活动，加强 FSMP 的质量安全监管。《特殊医学用途配方食品生产许可审查细则》与《食品生产许可审查通则》中的现场核查内容逐一对应，确保覆盖《食品生产许可审查通则》规定内容的基础上，根据 FSMP 生产的特点，借鉴药品管理理念，参考婴幼儿配方乳粉生产许可条件，按照良好生产规范相关要求，制定严格的生产许可条件，包括总则、生产场所、设备设施、设备布局和工艺流程、人员管理、管理制度、附则等内容。

FSMP 临床应用的相关文件，如《食品安全国家标准　特殊医学用途配方食品临床应用规范（征求意见稿）》的发布，旨在针对已完成注册的 FSMP，规定在医疗机构内的处方流程，应在医师或临床营养师的指导下进行；应在医疗机构内设立专门机构实施规范化管理，包含遴选、临床效果评价、储存、处方、审核、不良事件登记以及退出机制；临床应用时应以营养筛查及评价为依据，掌握适应证及禁忌证，按照营养诊疗流程规范应用FSMP；等等。该标准的发布标志着我国FSMP在临床应用首次有标可依。

FSMP的产品宣传管理，如《药品、医疗器械、保健食品、特殊医学用途配方食品广告审查发布管理办法（征求意见稿）》的发布，精简了FSMP广告审查所需证明材料，压缩了广告审查时间，简化了异地发布药品广告备案程序；同时，从三方面强调了广告从严审查的原则，如强调了广告内容的真实性和准确性，广告申请人必须是FSMP的注册人或者备案人；首次赋予国家市场监管管理总局复审权，对已经审查通过的广告，总局如果认为有必要可以直接组织复审或者要求相关广告审查机关进行复审，复审期间，暂停广告发布；限制FSMP广告发布的形式，广告中“不得出现使用医药科研单位、学术机构、行业组织、医疗机构或者专家、医生、患者的名义和形象”的情形。

三　技术标准

FSMP的质量指标、安全指标和标签标识等规定一般在产品标准或通用标准中详细描述，其经典标准是CAC制定的《特殊医用食品标签和声称法典标准》和《婴儿配方食品及特殊医用婴儿配方食品标准》。目前，FSMP的各国（组织）法规和标准如表1所示。

表1　FSMP各国（组织）法规和标准

序号	国家(组织)	法规标准名称
1	CAC	1.《婴儿配方及特殊医用婴儿配方食品标准》(CODEX STAN 72 – 1981) 2.《特殊医用食品标签和声称法典标准》(CODEX STAN 180 – 1991) 3.《预包装特殊膳食食品标签和声称通用标准》(CODEX STAN 146 – 1985)
2	中国	1.《食品安全国家标准特殊　医学用途婴儿配方食品通则》(GB 25596 – 2010) 2.《食品安全国家标准特殊　医学用途配方食品通则》(GB 29922　2013) 3.《食品安全国家标准特殊　医学用途配方食品良好生产规范》(GB29923 – 2013) 4.《食品安全国家标准　糖尿病全营养配方食品(征求意见稿)》

续表

序号	国家(组织)	法规标准名称
2	中国	5.《食品安全国家标准肿瘤全营养配方食品(征求意见稿)》 6.《食品安全国家标准炎性肠病全营养配方食品(征求意见稿)》 7.《食品安全国家标准特殊医学用途配方食品临床应用规范(征求意见稿)》 8.《特殊医学用途配方食品注册管理办法》 9.《特殊医学用途配方食品生产许可生产细则》 10.《特殊医学用途配方食品炎性肠病临床试验指导原则(征求意见稿)》 11.《特殊医学用途配方食品糖尿病临床试验指导原则(征求意见稿)》 12.《特殊医学用途配方食品肾病临床试验指导原则(征求意见稿)》 13.《特殊医学用途配方食品肌肉衰减综合症临床试验指导原则(征求意见稿)》
3	欧盟	1.《特殊医用食品指令》(1991/21/EC) 2.《关于婴儿配方和较大婴儿配方食品》(91/321/EEC) 3.《可用于特殊营养目的用食品中的营养物质名单》(2001/15/EEC) 4.《可用于婴幼儿、特殊医用食品和体重控制代餐类食品中的营养物质名单》(EU NO. 609/2013)
4	美国	1.《医用食品的生产和监管的指导原则》(FY06/07/08) 2. 21 CFR
5	澳大利亚/新西兰	1.《特殊医学用途食品标准》(Standard 2. 9. 5) 2. 婴儿配方食品(含特殊医学用途婴儿配方食品)
6	日本	1.《健康增进法 2002》

FSMP 的详细营养素指标通常在产品标准中做出详细规定，一般特殊医学用途婴儿配方食品对能量、宏量营养、维生素、矿物质等指标给出详细的限量，其他 FSMP 参考其指标或企业在备案时提供含量科学依据即可，表 2 至表 8，以特殊医学用途婴儿配方食品为例比较各国（组织）的营养指标限量规定。

（一）能量（见表2）

表 2　各国（组织）能量值比较

单位：（kcal/100mL）

序号	国家(组织)	能量	说明
1	CAC	60 ~ 70	可根据疾病、紊乱及临床需要进行调整
2	欧盟	60 ~ 70	不强制执行
3	中国	60 ~ 70	可根据疾病、紊乱及临床需要进行调整
4	美国	—	—
5	澳新	60 ~ 75	—

（二）宏量营养（见表3至表6）

表3　各国（组织）宏量营养值比较

单位：（g/100kcal）

序号	国家(组织)	乳蛋白	脂肪	碳水化合物
1	CAC	1.8～3.0	4.4～6.0	9.0～14.0
2	欧盟	1.8～3.0	4.4～6.0	9.0～14.0
3	中国	1.88～2.93	4.39～5.86	9.2～13.8
4	美国	1.8～4.5	3.3～6.0	—
5	澳新	1.88～5.86	0.93－1.5g/100kJ	—
6	加拿大	1.8～4.0	3.3～6.0	—

表4　各国（组织）脂肪酸值比较1

单位：（mg/100kcal）

序号	国家(组织)	亚油酸	α－亚麻酸	比值
1	CAC	300～1400	≥50	5∶1～15∶1
2	欧盟	300～1200	≥50	5∶1～15∶1
3	中国	290～1380	≥50	5∶1～15∶1
4	美国	≥300	—	—
5	澳新	9%～26%（占总脂肪）	1.1%～4%（占总脂肪）	5∶1～15∶1
6	加拿大	≥300	—	—

表5　各国（组织）脂肪酸值比较2

序号	国家(组织)	月桂酸＋肉豆蔻酸	反式脂肪酸	芥酸
1	CAC	≤总脂肪酸的20%	≤总脂肪酸的3%	≤总脂肪酸的1%
2	欧盟	≤总脂肪酸的20%	≤总脂肪酸的3%	≤总脂肪酸的1%
3	中国	＜总脂肪酸的20%	＜总脂肪酸的3%	＜总脂肪酸的1%
4	美国	—	—	—
5	澳新	—	≤总脂肪酸的4%	≤总脂肪酸的1%
6	加拿大	—	—	—

表 6　各国（组织）碳水化合物值比较

单位：（g/100kcal）

序号	国家(组织)	碳水化合物
1	CAC	9.0 ~ 14.0
2	欧盟	9.0 ~ 14.0
3	中国	9.2 ~ 13.8
4	美国	—
5	澳新	—
6	加拿大	—

（三）维生素（见表7）

表 7　各国（组织）维生素值比较（100/kcal）

序号	维生素	CAC	欧盟	中国	美国	澳新	加拿大
1	维生素 A(μg/RE)	60 ~ 180	70 ~ 180	59 ~ 180	75 ~ 225	59 ~ 180	75 ~ 150
2	维生素 D(μg)	1 ~ 2.5	2 ~ 3	1.05 ~ 2.51	1 ~ 2.5	1 ~ 2.6	1 ~ 2
3	维生素 E(mg α - TE)	0.5 ~ 5	0.6 ~ 5	0.50 ~ 5.02	≥0.47	0.5 ~ 5	≥0.4
4	维生素 E：亚油酸(mgα - TE/g)	—	—	≥0.5	≥0.4	—	≥0.4
5	维生素 K_1(μg)	4 ~ 27	1 ~ 25	4.2 ~ 27.2	≥4	≥4.2	≥8
6	维生素 B_1(μg)	60 ~ 300	40 ~ 300	59 ~ 301	≥40	≥42	≥40
7	维生素 B_2(μg)	80 ~ 500	60 ~ 450	80 ~ 498	≥60	≥59	≥60
8	维生素 B_6(μg)	35 175	20 ~ 300	35.6 ~ 188.3	≥35	38 ~ 151	≥35
9	维生素 B_6：蛋白质(μg/g)	—	—	—	15	—	15
10	维生素 B_{12}(μg)	0.1 ~ 1.5	0.1 ~ 0.5	0.105 ~ 1.506	≥0.15	≥0.10	≥0.15
11	烟酸烟酰胺(μg)	300 ~ 1500	0.4 ~ 3	293 ~ 1506	≥250	≥544	≥250
12	叶酸(μg)	10 ~ 50	15 ~ 47.6	10.5 ~ 50.2	≥4	≥8	≥4

续表

序号	维生素	CAC	欧盟	中国	美国	澳新	加拿大
13	泛酸(μg)	400～2000	400～2000	402～2000	≥300	≥293	≥300
14	维生素C(mg)	10～70	4～30	10.5～71.1	≥8	≥7.1	≥8
15	生物素(μg)	1.5～10	1～20	1.5～10.0	≥1.5	≥1.5	≥2

（四）矿物质（见表8）

表8　各国（组织）矿物质值比较（100/kcal）

序号	矿物质	CAC	欧盟	中国	美国	澳新	加拿大
1	钠(mg)	20～60	25～60	21～59	20～60	21～63	20～60
2	钾(mg)	60～180	80～160	59～180	80～200	84～209	80～200
3	铜(μg)	35～120	60～120	35.6～121.3	≥60	59～180	≥60
4	镁(mg)	5～15	5～15	5.0～15.1	≥6	5～17	≥6
5	铁(mg)	≥0.45	0.3～2.5	0.42～1.51	0.15～3.0	0.8～2.1	≥0.15
6	锌(mg)	0.5～1.5	0.5～2.4	0.50～1.51	≥0.5	0.5～1.8	≥0.5
7	锰(μg)	1～100	1～100	5.0～100.4	≥5	1～100	≥5
8	钙(mg)	50～140	50～250	50～146	≥60	≥50	≥50
9	磷(mg)	25～100	25～100	25～100	≥30	25～105	≥25
10	钙磷比值	1:1～2:1	1.2～2.0	1:1～2:1	1.1～2.0	1.2～2.0	1.2～2.0
11	碘(μg)	0～50	15～35	10.5～58.6	5～75	5～42	≥5
12	氯(mg)	50～160	60～160	50～159	55～150	50～146	55～150
13	硒(μg)	1～9	3～8.6	2.01～7.95	—	1～5	—

四　行业现状

进入21世纪，全球FSMP产业发展已进入高速期，呈蓬勃发展态势，社会的庞大需求、市场的巨大潜力，给FSMP行业带来了机遇与挑战。

据调研，全球FSMP消费额每年560亿～640亿元，市场增长率为6%，其中欧美为400亿～500亿元，增速约4.5%/年；日韩为150亿～220亿元，增速为4.8%/年；澳大利亚约为4000万美元/年；新西兰为250万~400万美元。

我国FSMP的年平均增长率为37%，消费量约6亿美元，占全球总量的1%，仍滞后于欧美发达国家，国内90%以上的FSMP市场份额被跨国公司垄断，包括纽迪希亚、华瑞、雅培、雀巢等。我国FSMP的注册管理办法出台前，国外FSMP产品以"药品"的身份在临床使用，注册产品约69个，涉及种类19种；国内FSMP企业主要有西安力邦、上海砺成、上海冬泽等，占据国内市场份额的10%左右，FSMP注册管理办法出台前大部分产品的批文为"食"字号。我国本土企业由于进入产业时间较晚，大多为仿制国外产品，占有市场份额小，缺乏品牌影响力。

近几年，随着我国政府对FSMP的重视以及陆续出台一系列政策和标准，FSMP行业高速发展。截至2019年，我国已经注册申请24款FSMP产品。大型外企在我国建立了FSMP生产基地，我国本土企业也抓紧研发新产品，如上海冬泽特医新研发的产品复方营养混悬剂和肠内营养混悬液在市场上具有一定的竞争力。

总体而言，目前FSMP产业在我国仍处于起步阶段，FSMP行业发展面临多重挑战。

（一）FSMP检测方法体系仍需完善

据调研，国际组织AOAC成立营养品检测方法研究团队，致力于包括FSMP在内的营养品的方法制修订；目前我国FSMP的检测方法仍然采用普通食品或婴幼儿配方食品的检测方法，部分FSMP的基质特殊，如乳蛋白部分水解、深度水解、氨基酸配方在检测维生素等项目时容易出现浑浊、结块的现象，造成检测结果偏差大、回收率偏低等问题，给FSMP生产企业研发产品、申请注册等方面带来诸多困难。

（二）FSMP本土产品研发亟待升级

目前我国国内FSMP企业的产品研发基本处于仿制阶段，新产品的研发技术落后于发达国家，产品缺乏市场竞争力，企业发展后劲不足，行业发展受到制约。FSMP 不同于保健食品，需要较高的科研技术投入和积累，我国与发达国家仍存在差距。例如，现在上市的国外品牌产品由单体营养素复配而成，渗透压较高，不适合国人的肠胃耐受性，易导致患者腹泻；而国内品牌产品消化性不高、冲调分散，鼻饲流动性较差。

（三）FSMP 国内企业市场有待开拓

目前国外品牌产品在我国市场上占主导地位，而国内品牌产品仅占市场的 10%。国内 FSMP 产品以仿制国外产品为主，市场份额很小，科研和人才投入不足，临床营养知识和技术研发存在空缺，面对未来 FSMP 市场大幅增长，国内本土企业面临巨大挑战。

（四）FSMP 安全监管和风险防控体系有待完善

我国 FSMP 产品同婴幼儿配方食品和保健食品共同属于“特殊食品”，但 FSMP 较其他两类产品相比安全风险更高、要求更严格，监管政策和风险防控技术更需要深入研究和完善。

（五）FSMP 认知和消费存在误区

FSMP 与功能性食品和保健食品相似，但本质不同，消费者容易混淆三者的区别。另外，患者更倾向药物的治疗，忽略 FSMP 在治疗康复中的作用，且 FSMP 尚未全部进入医保系统、患者无法报销等因素影响 FSMP 使用。

综上所述，我国《国民营养计划（2017～2030）》中指出：营养是人类维持生命、生长发育和健康的重要物质基础，国民营养事关国民素质提升和经济社会发展。随着我国人民群众生活水平的提高，消费者对营养健康有着迫切需求，FSMP 在满足患者营养支持、提高病人生存率、减缓医疗资源紧张、节约国家医疗费用、适应老龄化社会等方面起着非常重要的作用，而且 FSMP 和普通食品相比，附加值高，产业回报率高，具有广阔的发展前景，

FSMP 行业的发展将有力地推动中国经济的快速发展，适应我国供给侧结构性改革，促进经济持续健康发展，构建和谐美丽新中国。

参考文献

CODEX STAN 180 ~ 1991, The labeling of and claims for food for special medical purpose.

CODEX STAN 72 – 1981 (Amended in 2007), Standard for infant formula and formulas for special medical purposes intended for infants.

GL 10 – 1979 (Amended in 2008), Advisory list of nutrient compounds for use in foods for special dietary uses intended for infants and young children.

CODEX STAN 192 – 1995 (Amended in 2013), Food additives.

European Commission, Commission directive 1999/21/EC of 25 March 1999 on dietary foods for special medical purposes. Offical journal of the European Communities, Belgium, 1999, 91/29.

European Union, REGULATION (EU) No. 609/203.

European Commission, Reports of the Scientific committee for Food (SCF): Opinion on foods for special medical purposes (fsmps). Belgium: SCF, 1996.

European Commission, Regulation (EC) No. 133/2008 of the European parliament and of the council of 16 December 2008 on food additives. Official journal the European Communities, Belgium, 2008, 354/16.

The European parliament and the council of the European union, Regulation (ec) No. 258/97 of the European parliament and of the council of 27 January 1997 concerning novel foods and novel food ingredients. Belgium, 1997.

U. S. Food and Drug Administration, Compliance program guidance manual 7321. 002 FY06/07/08: Medical foods program – import and domestic. U. S. A. 2008 – 09 – 30.

U. S. Food and Drug Administration, Code of federal regulations Title 21: food and drug. U. S. 2013.

Food Standards Australia New Zealand (FSANZ), Standard 2. 9. 5 Food for special medical purposes. Australia, 2012.

中华人民共和国卫生部：《食品安全国家标准　特殊医学用途婴儿配方食品通则》(GB 25596 – 2010)，2010。

国家卫生和计划委员会：《食品安全国家标准　特殊医学用途配方食品通则》(GB 29922 – 2013)，2013。

国家卫生和计划委员会：《食品安全国家标准　特殊医学用途配方食品良好生产规范》（GB 29923－2013），2013。

国家卫生和健康委员会：《食品安全国家标准　特医食品临床应用规范（征求意见稿）》，2018。

国家食品药品监督管理总局：《特殊医学用途配方食品注册管理办法》，2016 年 7 月 1 日。

中华人民共和国：《食品安全法》，2018。

国家市场监督管理总局：《特殊医学用途配方食品生产许可审查细则》，2019 年 1 月 29 日。

国家食品药品监督管理局：《食品生产许可管理办法》，2017 年 11 月 17 日。

国家食品药品监督管理总局：《食品审查许可审查通则》，2016 年 8 月 9 日。

孙玉凤、范蓓、王艳等：《特殊医学用途配方食品研究进展与展望》，《生物产业技术》2017 年第 4 期。

索思卓、胡豪、王一涛等：《特殊医学用途配方食品在中国的发展概况》，《中国食品卫生杂志》2016 年第 2 期。

李美英、李雅慧、姜雨等：《浅析我国特殊医学用途配方食品监管概况》，《食品工业科技》2016 年第 18 期。

于杨曜、林路索：《完善我国特殊医学用途配方食品监管的思考》，《食品工业》2018 年第 12 期。

梁栋、韩军花：《特殊医学用途配方食品－标准与管理》，《卫生研究》2014 年第 3 期。

国务院办公厅：《国民营养计划（2017～2030）》，2017 年 7 月 13 日。

B.12
河北省食品安全责任保险推广情况及对策建议

史文娟　李靖　刘瑞芹*

摘　要： 建立食品安全责任保险制度，是创新社会管理的重要体现，是强化食品安全事故风险管控和消费者合法权益保护非常重要的举措。河北省食品安全责任保险试点工作的开展，既是落实国家有关工作部署的要求，也是健全食品安全保障体系、充分调动各种社会力量参与食品安全治理和监督的有益探索。适应新的发展形势，推动食品安全治理能力现代化，需要不断完善食品安全责任保险服务体系，为防范公共安全风险、有效保障消费者权益提供有力支撑。

关键词： 食品安全　责任保险　保险产品　对策

党的十八大以来，以习近平同志为核心的党中央将保障食品安全上升为国家战略，摆到了治国理政的重要位置。近年来，食品产业快速发展，全过程监管体系基本建立，社会治理合力不断增强，重大食品安全风险得到控制，食品安全形势不断好转。但食品安全工作仍面临不少问题和困难，一些生产经营者主体责任意识不强，违法成本相对较低，违法违规问题时有发生。一旦发生食品安全事故，轻者引发食源性疾病或食物中毒，重者可能引发群体性食品安全事件，而相关企业在面对高额赔付时，自身赔付能力有限，消费者合法权益难

* 史文娟，河北省市场监督管理局工作人员；李靖，河北省社会科学院副研究员；刘瑞芹，中国银行保险监督管理委员会河北监管局工作人员。

以保障。建立食品安全责任保险制度，有利发挥保险的风险管理和经济补偿功能，提高食品安全事故预防和救助水平，保护消费者的合法权益；有利于增强食品生产经营企业质量安全意识，转移风险，促进产业健康发展，有利于优化食品安全社会治理体系，协同解决食品安全问题，推进共治共享。

一　实施食品安全责任保险制度的可行性

社会各界对食品安全问题越来越关注，食品安全责任保险产品的推出，可以将市场手段与行政手段紧密结合起来，更加严格地要求和监管企业，为食品安全监管提供有效补充。同时，可以充分发挥保险在食品领域的经济补偿、监督机制和社会管理作用，给食品消费者、食品企业、政府等不同主体带来益处。

（一）经济补偿作用

我国食品安全事故发生后，消费者获赔途径主要来自食品生产经营企业和政府财政。推行食品安全责任保险，可以充分地发挥保险的经济补偿功能，直接为消费者增加索赔来源，有效减轻了企业赔付负担。

（二）监督机制作用

保险公司为了尽可能减少保险赔偿案的发生，会通过保险合同的约束对投保企业进行日常监督，帮助查找食品安全隐患，提出整改建议，有效提高企业风控水平，减少食品安全事故。同时，保险公司依据对企业食品安全管理水平高低的评估，通过调整费率和承保条件等方式，通过差异化费率管理督促和激励企业，以降低安全事故发生概率。

（三）社会管理作用

目前，我国食品安全事故发生后的赔偿处理制度并不健全，受害消费者在无法得到足额赔偿情况下，容易造成社会环境的不和谐、不稳定，还有可能形成“企业犯错，政府买单”的恶性循环。推行食品安全责任险，可以通过独立第三方的保险公司，充分发挥保险的社会管理作用，利用市场化手段实现经济补偿，协助政府及职能部门协调处理事故，化解社会矛盾，改变以往单纯依靠行政手段管理的模式，形成保险公司与相关部门之间的分工合作，有效减轻政府的社会管理压力。

二　河北省食品安全责任保险推广情况

食品安全责任险最早是在浙江富阳、江苏扬州、山东济南、陕西贾善和上海等地率先试水，其试点范围涉及食品流通、餐饮服务企业。河北省邢台沙河市从 2013 年 11 月起，把餐饮服务业作为试点领域，本着企业自愿的原则，率先在辖区内大中型餐饮单位、学校（幼儿园）食堂探索推行了食品安全责任保险。2014 年 9 月，河北省人民政府食品安全委员会办公室、河北省金融工作办公室、中国保险监督管理委员会河北监管局联合印发《河北省食品安全责任保险试点工作指导意见》（冀食安办〔2014〕65 号），把责任保险机制引入食品安全领域，探索在全省逐步建立食品安全监管与责任保险的互动机制，完善食品安全的责任保险制度，促进食品产业的健康发展。首先在石家庄、张家口、唐山、秦皇岛、邢台市五个市的规模以上、高风险食品生产企业，餐饮服务单位，大型超市，校园食堂等先行先试，并逐步扩大覆盖的范围。2014 年 11 月，省政府食品安全办印发《关于推进河北省食品安全责任保险试点工作有关事项的通知》，明确了入保企业范围、经纪服务机构、承保公司，成立了省级组织协调机构。2016 年 4 月，将试点工作由 5 个试点城市扩展到全省 11 个设区市和定州、辛集 2 个省直管县。

2015 年，石家庄、张家口、唐山、秦皇岛、邢台市五个试点地区共签署食责险保单 995 笔，保费共计 216.5 万元，为参保企业提供风险保障 19.7 亿元。其中，石家庄签署食责险保单 132 份，实现签单保费 34.4 万元；唐山签署食责险保单 646 份，实现签单保费 134.5 万元；邢台签署食责险保单 205 份，实现签单保费 45.9 万元；张家口签署食责险保单 12 份，实现签单保费 1.7 万元（见表 1）。

表1　2015 年河北省试点地区食责险项目统计汇总

序号	地区	保单数	保费(万元)	保额(亿元)
1	石家庄	132	34.4	3.2
2	唐山	646	134.5	13.6
3	邢台	205	45.9	2.8
4	张家口	12	1.7	0.07
5	秦皇岛	0	0	0
合计		995	216.5	19.67

2016 年全省食品安全保险保单数为 1405 件，保费收入 321.05 万元，保额 28.83 亿元。2017 年保单数为 2680 件，保费收入 491.55 万元，保额 54.96 亿元。2018 年保单数为 7841 件，保费收入 1109.78 万元，保额 196.80 亿元。

2019 年 4 月底，河北省食品安全责任险保单数为 8716 件，保单收入 1290 万元，保额 182.7 亿元（见表 2）。从各地食责险投保情况看，廊坊、石家庄、邯郸地区的在保数位列前三（见表 3）。

表2　2019 年 4 月全省食品安全责任险总体情况（按参保企业类型统计）

保单数（件）	保费收入（万元）	保险金额（万元）	投保人类型及数量				
			生产企业（家）	流通企业（家）	餐饮企业（家）	学校食堂（家）	其他(家)
8716	1290	1826626.6	259	104	780	6096	1477

表3　2019 年 4 月全省各地食责险在保数情况（含定州、辛集、雄安新区）

地区	廊坊	石家庄	邯郸	张家口	唐山	沧州	邢台
在保数	2061	1382	1209	815	668	647	579
地区	承德	秦皇岛	保定	衡水	雄安新区	辛集	定州
在保数	465	302	281	246	37	22	4

三　河北省推行食品安全责任保险的主要举措

（一）出台规范性文件，做好顶层设计

省政府食品安全办、省金融办、原河北保监局三部门联合出台食品安全责任保险试点工作指导意见，明确了试点工作安排，提出了建立组织工作机制、明确部门工作职责、明确试点工作步骤、建立考核激励机制等保障措施；建立了由省政府食品安全办、省金融办、河北保监局、保险公司等多方参与的食品安全责任险试点工作联席会议制度；各试点地区各自制定工作方案，成立组织领导机构。

（二）凝聚合力形成共治格局

食品安全部门开展指导工作，金融管理部门优先对被保险食品企业给予信贷支持，保监部门对承保机构进行业务指导，承保机构创新食品安全责任保险产品、服务、管理，多方合力形成共治格局，有效推动食品安全责任保险试点工作。例如，唐山市把食品安全责任保险推广工作作为防控和化解食品安全风险的有效手段纳入全市食品安全重点工作安排，通过“三个一”的推广模式（构建一套管理体系、闭合一环服务链条、提炼一批特色机制），以点带线、以线促面，蹚出了一条运用保险工具参与社会治理的路径，使食品生产经营者摆脱了“伤不起、赔不起”的窘境。

（三）引入保险经纪人制度

鉴于市、县两级的业务推动和培训工作任务繁重，相关工作人力紧张且对保险政策欠缺熟悉，借鉴教育部门、环保部门引入保险经纪机构协助推进相关责任险的经验做法，河北省食安办在充分调研、征求意见的基础上，制定了《河北省食品安全责任保险项目保险经纪服务公司比选邀请书》和《河北省食品安全责任保险项目保险经纪服务公司比选文件》，经过招标比

选，确定河北安信保险经纪有限公司和长城保险经纪有限公司河北分公司为全省食品安全责任保险试点工作保险经纪公司。既借用了专业力量，又解决了各级食安办保险知识欠缺的问题。保险经纪公司通过优化食责险保险方案，更契合投保单位需求。例如，对原限额方案分类进行了细化，以便于满足不同层次投保单位的需求，便于客户投保。同时增加了施救费用、鉴定费用、公证费用特别约定，非故意提供超期食品责任的特别约定以及场所责任的特别约定，使方案更加契合食品企业对风险转嫁的需求。

（四）统一保险框架协议，不断创新保险产品

一方面，委托比选、确定承保公司。为确保试点期间承保公司服务质量，促使保险业务市场拓展，河北省委托保险经纪公司组织招标比选，并与中选保险公司就保险条款及费率进行竞争性谈判。依照比选结果最终确定中国人民财产保险股份有限公司河北省分公司、中国平安财产保险股份有限公司河北分公司、中国太平洋财产保险股份有限公司河北分公司为全省食品安全责任保险试点工作的承保公司（后逐步扩展到 16 家保险公司），经纪公司与双方协商签订了保险框架协议。另一方面，通过创新保险产品的方式，不断推出适合不同企业风险需求的保险产品，以提高试点企业的参保积极性。

（五）设计食责险参保标识

安信保险经纪在为石家庄和邢台食责险项目提供保险经纪服务期间，不断推陈出新，聘请专业的设计公司为两市设计了食责险参保标识，并通过媒体宣传等方式，引导消费者选购悬挂或印有食责险参保标识的产品，最大限度地保障消费者的权益。

（六）探索建立第三方鉴定体系

河北省在食责险推动之初，便开始探索建立第三方鉴定体系，一方面可以化解矛盾纠纷，另一方面可以为保险公司定责定损提供依据。由食品安全

责任保险经纪公司起草了《食品安全责任风险评估和损失鉴定管理办法》和《食品安全责任风险评估及鉴定实施手册》，以进一步规范事故损失鉴定及赔付流程，将食责险工作和食品安全风险防控、风险解决制度化，使食责险不仅作为事后处理的一种补救方案，更成为督促食品企业管控风险、减少事故发生的一种有效工具。

（七）各试点市创新举措，全力推进工作开展

石家庄市采取区域参保、园区参保、学校联保等措施，选取辖区内食品生产、流通、餐饮各环节有代表性的龙头或骨干企业至少一家率先参保。同时与市教育局、市卫计委联合下发《关于推进石家庄市食品安全责任保险试点工作有关事项的通知》，促进学校食堂、医院食堂积极参保；秦皇岛市将该市评选的食品生产、流通、餐饮各环节的食品安全示范企业和网络交易食品企业、团餐单位、学校医院食堂、高速服务区等高风险食品企业率先参保食品安全责任保险，并将食品安全责任保险纳入《食药安全在身边》栏目和视听之友报社的宣传内容，树立了该市食品企业的良好社会形象，提高了其社会责任意识；唐山市通过上门服务、专题讲座、举办产品推广，印发宣传制品等方式向公众和监管对象推送相关信息，宣传食品安全的相关法律法规、食品安全知识和一些保险的案例，引导消费者知晓通过责任保险的方式维护权益，营造食品安全责任保险良性发展的舆论环境；邢台市通过在食品的重点行业、重点领域制作保险建议书、相应服务方案，探索创新食品安全责任保险试点推广模式；张家口市政府多次召开专题调度会，确保了相关工作的高位推进。细化投保方案，对典型食品安全案例进行梳理分类，明确投保范围，提高方案的可操作性。由保险公司负责对辖区大中型食品生产经营企业和中小学校（含托幼机构食堂）进行专题培训，使企业进一步理解和接受食品安全责任保险，为工作的整体推进打下了良好基础。依托行业协会推进食品安全责任保险工作，鼓励行业协会从提高风险防控能力、强化行业自律等方面，积极开展行业内的教育引导活动，采取典型引路、逐步推进的方式，鼓励大型企业带头入保，从而带动整个行业积极入保。

四 食品安全责任保险推行工作中存在的问题

自 2014 年开展食品安全责任保险试点工作以来，试点范围虽逐步扩大到全省，但在推动过程中仍存在以下主要问题。

（一）企业投保积极性不高

目前，投保食品安全责任保险的主要是规模以上高风险食品生产企业、餐饮服务单位和学校幼儿园食堂等，只占食品生产经营企业的一小部分。主要原因，一是保险产品存在缺陷，对食品安全责任的细分、量化，难以满足企业的需求。同时，保险方案中免责条款过多，很多企业认为是突出风险的事项并不在保险范围内，保费投入和获得的利益保障不成正比，企业没有主动投保的积极性；二是很多企业对风险认识不足，通过投保来分散风险的意识薄弱，认为自己的企业出险概率低，投保是对其管理能力和产品质量的质疑；三是有的企业担心出现食品安全问题，通过保险公司赔付，会扩大问题的传播范围，对企业社会信誉和征信情况带来不良影响；四是诸如小餐饮类食品经营单位，虽具有较高食品安全风险，但多数经营成本低、服务人群少，认为自身不会发生重大的食品安全问题，即便出现一些小的问题，直接与消费者沟通或给予少量赔偿就可以解决，不需要再通过保险分担自身赔偿风险。

（二）消费者维权意识淡薄

大多数消费者面对食品安全事故时很少会向相关企业提出赔偿请求或者运用法律手段进行维权。究其原因：一是对相关法律不是太了解，不知道如何维权。二是感到维权过程烦琐、程序复杂，没有出现身体损伤或危及健康的问题，不想花费精力去维权。消费者自身合法权益受到侵害时不能及时提出索赔主张，往往使责任企业有恃无恐，助长了企业逃避责任的侥幸心理。

（三）保险公司拓展意愿不强

由于食品安全责任保险起步晚，并具有涉及面广、点多、链条长、责任及风险复杂等特点，在社会技术、法律等层面上还面临诸多问题，保险体系不成熟，前期运营成本较高。无论是生产、经营、餐饮服务领域均未形成入保规模，加之保费收入较低，保险公司拓展相关业务的意愿并不高。从全省各市发展情况来看，廊坊、唐山、石家庄发展较好，其中廊坊市取得了突破性发展，但大部分地区业务发展规模较小，保险公司既得利益偏少，影响了其产品研发、宣传推广的积极性。

（四）政策支持力度不足

虽然《食品安全法》从宏观层面提及食品安全责任保险，鼓励食品生产经营企业参加食品安全责任保险，但并未出台强制政策，也无与之相配套的专项资金支持等具体措施，推行食品安全责任保险缺乏更有力的法律依据和有效的政策支持。

五　加强和改进食品安全责任保险推广工作的建议

（一）加强政策支持和制度保障

2019 年 5 月，中共中央、国务院发布《关于深化改革加强食品安全工作的意见》，其中第 7 条第 23 款指出：“积极投保食品安全责任保险。因食品安全问题造成损害的，食品生产经营者要依法承担赔偿责任。推进肉蛋奶和白酒生产企业、集体用餐单位、农村集体聚餐、大宗食品配送单位、中央厨房和配餐单位主动购买食品安全责任保险，有条件的中小企业要积极投保食品安全责任保险，发挥保险的他律作用和风险分担机制。”上述内容，进一步强化了在重点领域、重点行业推行食品安全责任保险的要求。

建议：一是在国家引导性政策的基础上，地方政府和相关部门探索食品安全责任保险强制执行与鼓励引导并轨运行机制。根据企业风险等级，在高风险食品生产经营领域，如肉制品生产加工、集中供餐、学校幼儿园食堂等易发生集中食品安全事故的重点行业实行强制保险，降低系统性、群体性食品安全事件带来的风险。同时，在风险相对较低的领域强化鼓励引导，督促生产经营者主动落实食品安全主体责任，多种渠道防范食品安全风险。二是建立健全引导推动机制，加大对投保企业的扶持力度，在行政审批以及信贷等方面给予适当支持政策，提高食品企业投保的积极性。将食品安全责任保险与日常监管和食品生产经营、餐饮服务等行业评审达标、年检年审等工作有效衔接，强化外部推动力量。

（二）提供差异化保险方案，达到供需互利

据不完全统计，河北省有近7000家食品生产企业，39万余家食品经营企业和40余万家食品小作坊、小餐饮、小摊点，食品安全责任保险市场潜力巨大。

一方面，保险机构应积极主动了解市场需求，开发多样化产品，针对食品各环节、各类主体性质特点对保险方案进行改进和创新，如为食品生产集中区、餐饮特色街区、特色小镇、集中供餐、农村流动厨房、食品“三小”等不同对象合理设计“联保”“区域保”“短期保”等个性化保险方案和保费标准，努力实现“供需相向而行”而不是“自说自话”，用科学高效的保险产品和服务吸引食品生产经营企业、管理者主动投保。

另一方面，鉴于食品安全责任保险有一定社会公益价值，各地政府可探索政府适当补贴吸引企业入保。目前，食品安全责任保险还处于发展初级阶段，社会认知度和认可度都不高，如政府在保费资金上给予支持，将有力地提升企业特别是中小型企业和个体生产经营者主动入保的积极性。食品产业集中的地区，可由政府与企业共同出资，建立食品保险基金，将区域内特色食品企业列入投保范围，保险机构提供打包式保险服务，保险覆盖区域内不特定对象，这样既能减轻每个企业单独投保的资金压力，又能最大限度地提供风险保障。

（三）加强食品安全责任保险产品服务体系建设

食品生产经营单位是参保的主体，在市场运作的大前提下，产品和服务的好坏才是吸引企业参保的关键。而保险产品不同于一般的产品，保险产品的服务从某种意义上说甚至决定了产品的品质，但目前的保险产品更多地注重赔付的条款设计，却忽略了更为重要的产品服务。保险机构应转变服务观念，结合投保方需求，加强事前、事中、事后服务体系建设，不断优化承保理赔程序，提高综合服务水平，充分利用自身产品和服务的优势，吸引食品生产经营主体积极投保。同时，提供包括食品安全风险评估在内的各项增值服务，通过各项服务举措获得企业对食品安全责任保险业务的认可。理赔方面，保险公司应建立完善理赔事件分级分类管理制度，尽快探索出一套科学严谨的事故鉴定和调查结论的认定程序，制定区别化理赔流程和时限规定，适用宽松的理赔政策，使投保企业获得良好的理赔服务体验。

（四）加大宣传力度，提高社会认知度

各相关方应通过各种途径和方式加大对食品安全责任保险产品、险种、特点、作用的宣传力度，普及食品安全和食品安全责任保险知识，增进社会各界尤其是广大食品生产经营主体对食品安全责任保险的了解、认识，进一步提升食品生产经营者的诚信意识、风险意识和参保意识，共同营造食品安全共治共享的社会氛围。

B.13
2018年河北省食品安全公众满意度调查报告

第三方调查机构*

摘　要： 2018年底，河北省政府食品安全委员会办公室委托有关机构对全省食品安全状况进行了问卷调查。报告分为六个部分：一是公众对食品安全状况的满意率；二是公众对食品安全状况变化的感知；三是公众对食品安全工作的评价；四是食品安全的综合满意度；五是公众对食品安全的认知与问题反映；六是样本构成与数据评估。

关键词： 食品安全　公众满意度　问卷调查

河北省政府食品安全委员会办公室委托第三方调查机构采用手机电子问卷调查系统，于2018年12月，围绕食品安全满意状况和政府监管工作等内容，面向全省社会公众进行了问卷调查，共完成有效问卷21010份。调查数据对全省有好的代表性，对各地有较好的代表性。

调查数据表明：2018年全省公众对食品安全的综合满意度为81.95%；公众对食品安全状况的满意度为81.13%；公众对各类食品稳定好转的感受度达到91.72%。

最突出的食品安全问题是农药残留超标和滥用或超标准使用添加剂；安

* 第三方调查机构，受委托从事河北省食品安全公众满意度调查的机构。

全问题最突出的主要食品种类是蔬菜类和肉类；最应加强治理的食品环节是生产加工环节。

一　公众对食品安全状况的满意率

舌尖上的安全关系着每个人的切身利益，了解公众对食物最直接的感受尤为必要。因此，本次调查以主要食品安全状况的公众满意率（即回答“满意”和“基本满意”的受访者占比，下同）作为评价指标，设计了公众对粮食和食用油类、蔬菜和水果类、肉蛋奶和水产类、儿童食品和保健食品安全状况的满意度评价等题目，并要求公众对食品安全状况的整体满意度进行评价。

调查结果显示：公众对食品安全整体状况的满意率为 81.13%。从食品类型的角度看，公众对粮食和食用油类食品安全状况的满意率最高，为 82.99%；其次是肉蛋奶和水产类，为 80.56%；再次为蔬菜和水果类，为 79.33%；儿童食品和保健食品安全状况的满意率最低，为 61.31%（见图 1）。

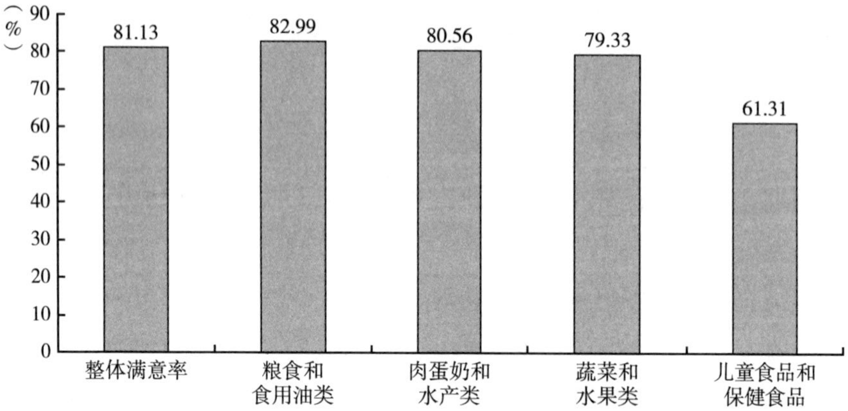

图 1　公众对主要食品安全状况的满意率

（一）公众对粮食和食用油类食品安全状况的满意率

公众对粮食和食用油类食品安全状况的满意率为 82.99%，其中回答

“满意”的占19.18%，回答“基本满意”的占63.81%；回答“不满意”的占17.01%。城镇居民的满意率（83.23%）高于农村居民（82.62%）。

（二）公众对蔬菜和水果类食品安全状况的满意率

公众对蔬菜和水果类食品安全状况的满意率79.33%，其中回答“满意”的占16.37%，回答“基本满意”的占62.96%；回答“不满意”的占20.67%。城镇居民的满意率（78.11%）低于农村居民（81.27%）。

（三）公众对肉蛋奶和水产类食品安全状况的满意率

公众对肉蛋奶和水产类食品安全状况的满意率为80.56%，其中回答“满意”的占16.35%，回答“基本满意”的占64.21%；回答“不满意”的占19.44%。城镇居民的满意率（80.79%）高于农村居民（80.19%）。

（四）公众对儿童食品和保健食品安全状况的满意率

公众对儿童食品和保健食品安全状况的满意率为61.31%，其中回答“满意”的占13.09%，回答“基本满意”的占48.22%；回答“不满意”的占38.69%。城镇居民的满意率（63.54%）高于农村居民（57.79%）。

（五）公众对食品安全整体状况的满意率

公众对食品安全整体状况的满意率为81.13%，与2017年（80.60%）相比稍有提升。其中回答“满意”的占17.87%，回答“基本满意”的占63.26%；回答“不满意”的占18.87%。城镇居民的满意率（81.96%）高于农村居民（79.79%）（见图2）。

通过对比分析，2018年河北省儿童食品和保健食品安全状况的满意率显著提升（上升5.07个百分点），其他三类食品安全状况满意率与2017年基本保持一致。

分职业身份看，食品安全整体状况的满意率较高的人群包括党政机关工作人员（87.70%）、在校大中专学生（87.26%）、医疗卫生人员（84.64%）；

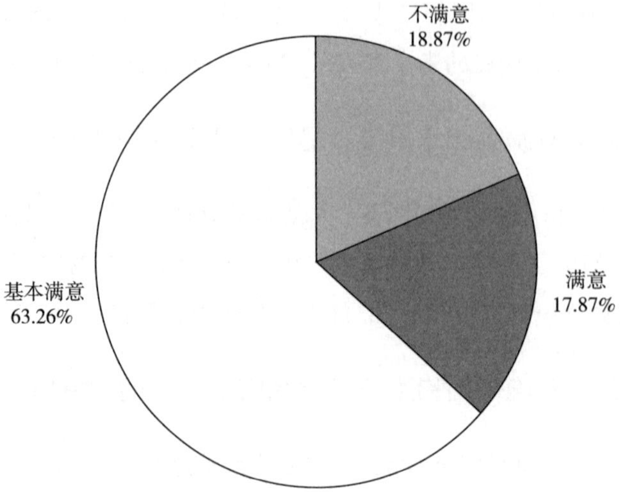

图2　公众对食品安全整体状况的满意度评价

满意率较低的人群包括民营（或私营）企业主（72.91%）、公司或企业管理人员（73.73%）、个体工商业者（75.37%）（见图3）。

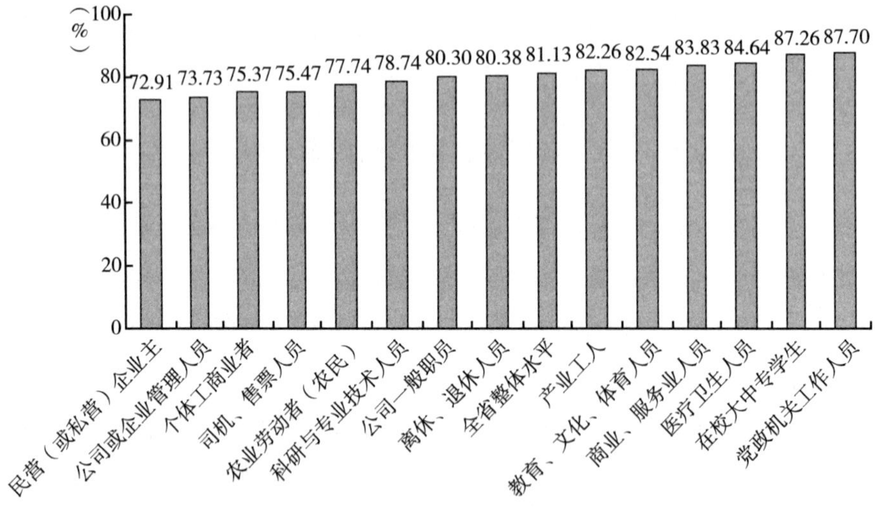

图3　公众对食品安全整体状况的满意率——分职业身份

二　公众对食品安全状况变化的感知

食品安全监管工作的目的是改善、提升、保障，变化是工作效果的直接体现。因此，本次调查以主要食品安全状况的稳定提高率作为评价指标，设计了公众对粮食和食用油类、蔬菜和水果类、肉蛋奶和水产类、儿童食品和保健食品安全状况变化的评价等题目，同时了解公众对食品安全状况变化的整体感觉。

调查结果显示：粮食和食用油类食品安全状况的稳定提高率最高，为92.54%；儿童食品和保健食品安全状况的稳定提高率最低，为88.88%（见图4）。

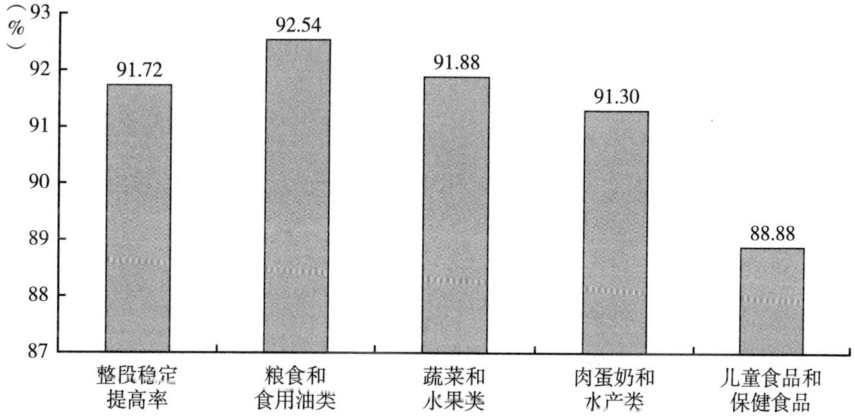

图4　主要食品安全状况的稳定提高率

（一）公众对粮食和食用油类食品安全状况变化的感知

粮食和食用油类食品安全状况的稳定提高率为92.54%（即回答“比以前好了”和“与以前一样”的受访者占比，下同），其中回答“比以前好了”的占42.94%，回答“与以前一样”的占49.60%；回答“比以前差”

的占 7.46%。城镇居民感觉稳定提高的比例（93.77%）高于农村居民（90.59%）。

（二）公众对蔬菜和水果类食品安全状况变化的感知

蔬菜和水果类食品安全状况的稳定提高率为 91.88%，其中回答“比以前好了”的占 44.62%，回答“与以前一样”的占 47.26%；回答“比以前差”的占 8.12%。城镇居民感觉稳定提高的比例（93.21%）高于农村居民（89.80%）。

（三）公众对肉蛋奶和水产类食品安全状况变化的感知

肉蛋奶和水产类食品安全状况的稳定提高率为 91.30%，其中回答“比以前好了”的占 42.25%，回答“与以前一样”的占 49.05%；回答“比以前差”的占 8.70%。城镇居民感觉稳定提高的比例（92.87%）高于农村居民（88.81%）。

（四）公众对儿童食品和保健食品安全状况变化的感知

儿童食品和保健食品安全状况的稳定提高率为 88.88%，其中回答“比以前好了”的占 42.45%，回答“与以前一样”的占 46.43%；回答“比以前差”的占 11.12%。城镇居民感觉稳定提高的比例（90.81%）高于农村居民（85.84%）。

（五）公众对食品安全整体状况变化的感知

公众感觉食品安全整体状况稳定提高率为 91.72%，与 2017 年（90.79%）相比有所提升。其中回答“比以前好了”的占 47.86%，回答“与以前一样”的占 43.86%；回答“比以前差”的占 8.28%。城镇居民感觉稳定提高的比例（93.14%）高于农村居民（89.44%）（见图 5）。

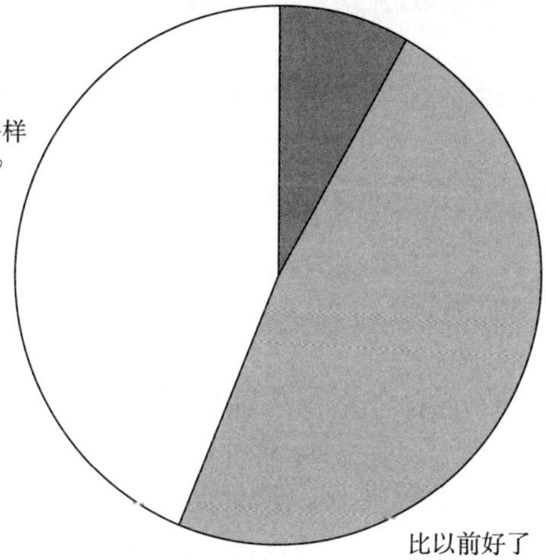

图 5　公众对食品安全整体状况变化的感知

调查结果显示：四类食品安全状况的稳定提高率均有不同程度的提升，其中儿童食品和保健食品提升了近 3 个百分点。

三　公众对食品安全工作的评价

（一）公众对食品安全科普宣传工作的感知

当问及“请您对所在地食品安全科普宣传力度进行评价”时，有 19. 65% 的公众认为“力度较大”，45. 85% 的公众认为“力度一般”，认为“力度较小”的占 34. 50%。

（二）公众对食品安全举报电话的知晓率

当问及“您对食品安全举报电话的认知”时，22. 70% 的公众知晓

“12331”，比2017年（21.50%）高出1.2个百分点。有38.16%的公众知晓“12315”，有39.14%的公众表示“不知道或说不清楚”。

（三）公众对食品安全监管（执法）力度的评价

当问及“请您对所在地食品安全监管（执法）力度进行评价”时，有23.20%的公众认为“力度较大”，46.04%的公众认为“力度一般”，认为“力度较小”的占30.76%。

（四）公众对食品安全监管治理成效的评价

当问及“一年来，您认为所在地食品安全监管工作在哪些方面成效明显”时，公众提及率最高的是“学校食堂及周边小卖部、流动饮食摊点”（44.82%），二是“食品加工小作坊、小摊贩、小饭桌”（41.56%），三是“食杂小卖部、商场、超市”（26.31%），四是“中小型餐饮”（25.34%），五是“农贸市场”（25.28%）。

当问及“您认为下列食品安全监管举措最有效的是什么”时，公众提及率最高的是“推进餐饮业‘明厨亮灶’工作”（20.40%），二是“发动群众，推行‘网格化’监管模式”（17.73%），三是“加强小作坊、食品摊贩规范化管理”（15.93%），四是“开展学校及校园周边食品安全专项整治”（10.55%），五是“开展食品安全示范城市创建活动”（9.94%）。

（五）公众对政府食品安全工作的满意率

公众对政府食品安全工作的满意率为77.32%，与2017年（75.71%）相比有所提升。其中回答“满意”的占22.62%，回答“基本满意”的占54.70%；回答“不满意”的占22.68%。城镇居民的满意率（79.04%）高于农村居民（74.49%）（见图6）。

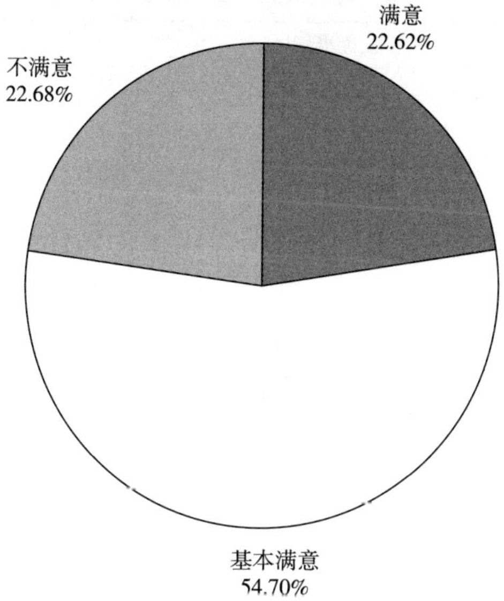

图6　公众对食品安全工作的满意率

四　食品安全的综合满意度

本次调查采用加权计算的方式，综合测算公众对食品安全的满意度。

为方便评估和比较，本次评估共设一、二、三级指标。二级指标根据问卷中对应的具体问题评价结果（三级指标）计算得出。在此基础上，再对二级指标进行加权计算，得出“综合满意度”。二级指标设置如下：①食品安全状况的满意度；②食品安全工作的满意度；③食品安全状况综合稳定提高率，详情如表1所示。

经测算：2018年河北省食品安全的综合满意度为81.95%，与2017年（80.22%）相比提升了1.73个百分点。其中，食品安全状况的满意度为80.76%，食品安全状况综合稳定提高率为91.72%。

表1 食品安全综合满意度指标

一级指标	二级指标	三级指标
公众对食品安全的综合满意度	食品安全状况的满意度	粮油类
		果蔬类
		肉蛋奶鱼
		儿童食品
		整体评价满意率
	食品安全工作的满意度	宣传力度评价
		12331 热线认知
		监管力度评价
		整体评价满意率
	食品安全状况综合稳定提高率	粮油类
		果蔬类
		肉蛋奶鱼
		儿童食品
		整体变化评价

五　公众对食品安全的认知与问题反映

从全社会的角度了解公众对食品安全的关注度，掌握公众对食品安全知识的了解程度与获知途径，搜集公众对不同食品环节、不同食品类别的反映和意见，分析和找出全省或某个设区市影响食品安全的主要因素，可以为有针对性地制定决策、改进工作、提升公众食品安全感和满意度提供科学的参考依据。为此，调查问卷设计了“最突出的食品安全问题是什么”“哪类食品问题最突出”“哪个食品环节最应加强治理”“哪些食品安全监管工作举措比较有效”等题目。

（一）公众对食品安全的关注度

当问及“就您而言，最关注的社会问题是什么”时，公众提及率由高到低依次为：公众信仰缺失（19.35%）、社会诚信缺失（15.18%）、子女教育问题（14.74%）、住房问题（7.82%）、社会腐败问题（6.58%）、医疗保障问题（6.55%）、城市交通拥堵问题（6.26%）、贫富差距问题（6.06%）、食品安全问题（5.75%）、环境污染问题（4.59%）、失业与就业问题（4.46%）、社会治安问题（2.67%）（见图7）。

与2017年相比，公众对食品安全问题的关注度有所提升，排名从第11位上升至第9位。

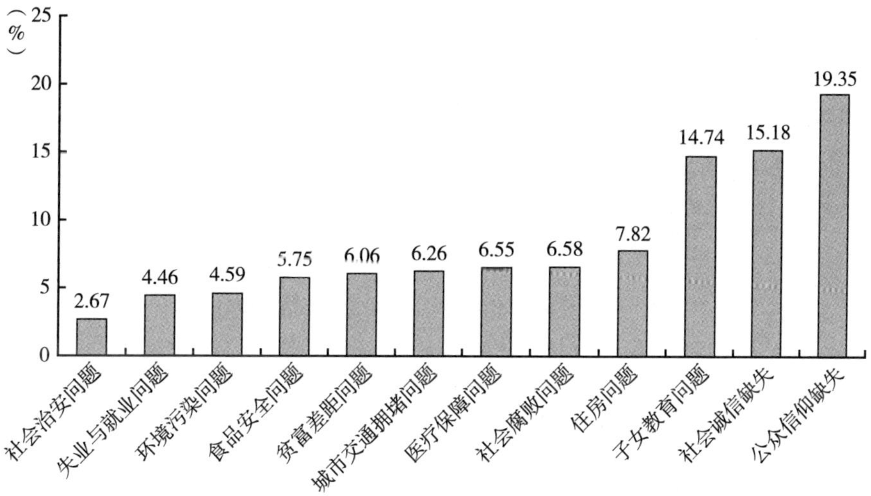

图7 公众关注的社会问题

（二）公众了解食品安全知识的程度与途径

有28.63%的公众表示"了解"食品安全知识，与2017年（21.40%）相比有所提升，表示"一般性了解"的占61.50%，有9.87%的公众表示"不了解"。

公众获取食品安全知识的主要途径是"互联网（电脑或手机上网）"（74.46%）、"电视、广播"（73.43%）和"公益广告"（36.41%）（见图8）。

与2017年相比，"互联网（电脑或手机上网）"超越"电视、广播"成为公众获取食品安全知识的最主要途径。

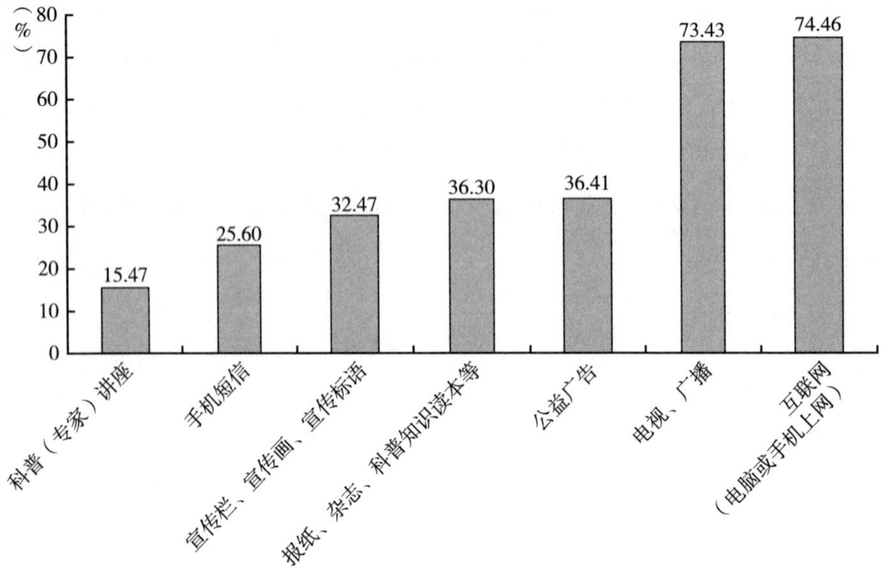

图8　公众获取食品安全知识（常识）的主要途径

（三）最突出的食品安全问题

当问及"您认为最突出的食品安全问题是什么"时，就全省情况来看，公众提及率最高的是"农药残留超标"（34.70%），其次是"滥用或超标准使用添加剂"（24.25%），再次是"假冒伪劣产品"（16.39%）（见图9）。

（四）安全问题最突出的主要食品种类

当问及"您认为哪类食品的问题最突出"时，公众提及率最高的是"蔬菜类"（28.71%），其次是"肉类"（23.22%），再次是"粮食和食用油类"（21.49%）（见图10）。

（五）最应加强治理的食品环节

当问及"您认为哪个食品环节最应加强治理"时，公众提及率由高到

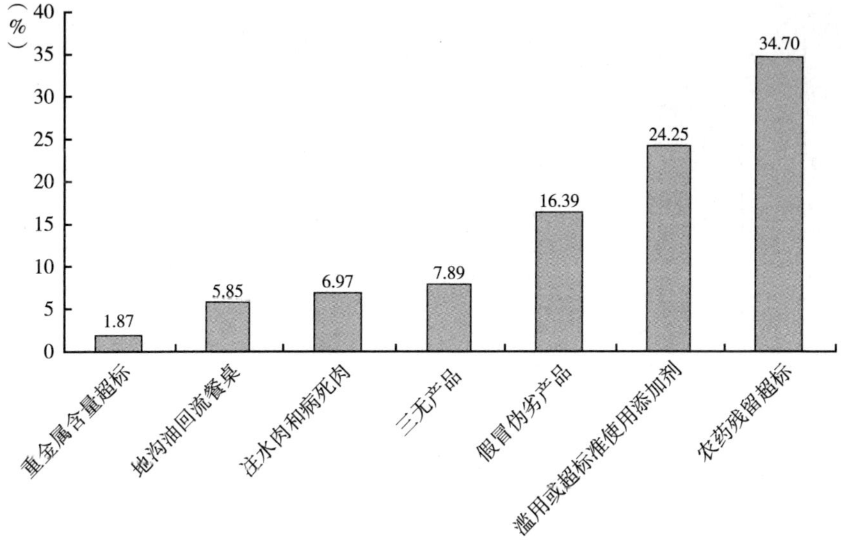

图9　最突出的食品安全问题

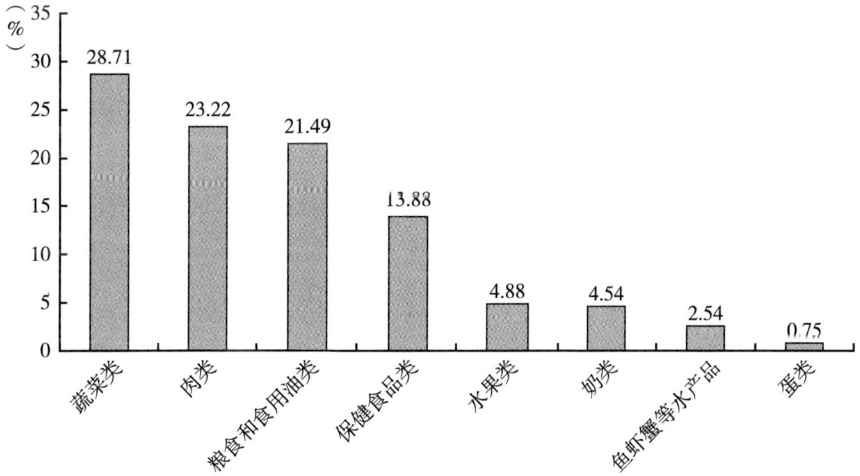

图10　安全问题最突出的主要食品种类

低依次为“生产（种植、养殖）环节”（38.38%）、“加工（包括包装）环节”（29.56%）、“销售（批发、零售）环节”（24.46%）、“储藏、运输环节”（3.29%）（见图11）。

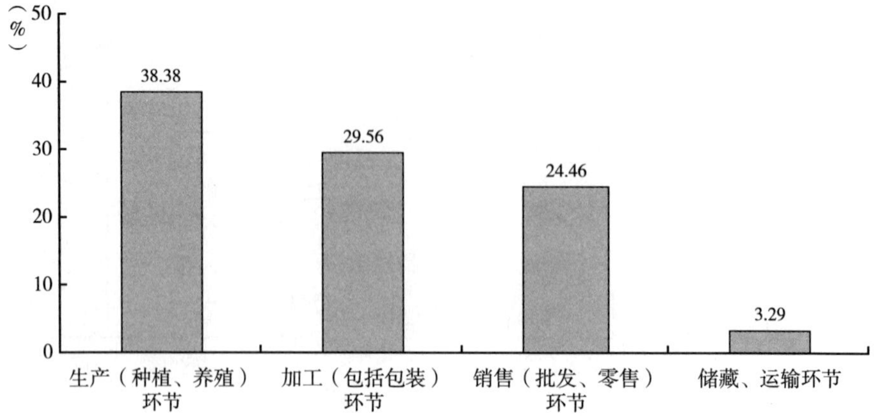

图 11　最应加强治理的食品环节

六　样本构成与数据评估

此次调查评价对象为 11 个设区市、2 个省直管县和雄安新区，调查范围涉及全省 168 个县（市、区），调查以 11 个设区市手机号码库为基本样本框，以上年末常住人口数为依据确定样本数量，采用随机等距抽样方式，完成有效问卷 21010 份，实现了行政区域、人群职业、城乡结构的合理分布和样本间距分布，因此汇总数据对省级有好的代表性，对市级有较好的代表性。同时，加权计算的一级和二级综合满意度指标，更能科学地反映各地食品监管工作、监管成效和安全水平。

B.14
后　记

《河北食品安全研究报告（2019）》（以下简称《报告》）在相关部门的大力支持和课题组成员的共同努力下顺利出版。《报告》全面展示河北省食品安全状况，客观总结河北省食品安全保障工作的创新实践及有益经验。

课题组成员包括于凤玲、董建波、张保起、高云凤、黄玉宾、魏占永、姚剑、赵志强、孙红、张梦凡、赵小月、吴凤云、张春旺、滑建坤、卢江河、孙立元、杜艳敏、王琳、王海荣、曹彦卫、芦保华、刘金鹏、杨跃民、师文杰、朱金娈、陈茜、李晓龙、吕红英、吴龙妹、李峰、史国华、张兰天、张岩、刘瑞芹、陈佩鸿、王中原、王建锋、张新波、曹洪峰、张薛平、石马杰、刘凌云、郑俊杰、韩绍雄、史文娟、董存亮、张鹏、李鹏、张兆辉、刘琼辉、任怡卿、齐龙飞、孟庆凯、李靖、杨君、刘晓如、赵京广等。

编写过程中，课题组得到了有关部门、行业协会和研究机构的积极协助。在此，向所有在编写工作中付出辛苦劳动的领导、专家、同人表示由衷的感谢，特别向提供大量素材并提供宝贵修改意见建议的各有关部门、机构表示诚挚谢意。

最后，恳请社会各界对《报告》提出批评、建议，我们将努力呈现更好的作品。

皮书起源

“皮书”起源于十七、十八世纪的英国，主要指官方或社会组织正式发表的重要文件或报告，多以“白皮书”命名。在中国，“皮书”这一概念被社会广泛接受，并被成功运作、发展成为一种全新的出版形态，则源于中国社会科学院社会科学文献出版社。

皮书定义

皮书是对中国与世界发展状况和热点问题进行年度监测，以专业的角度、专家的视野和实证研究方法，针对某一领域或区域现状与发展态势展开分析和预测，具备原创性、实证性、专业性、连续性、前沿性、时效性等特点的公开出版物，由一系列权威研究报告组成。

皮书作者

皮书系列的作者以中国社会科学院、著名高校、地方社会科学院的研究人员为主，多为国内一流研究机构的权威专家学者，他们的看法和观点代表了学界对中国与世界的现实和未来最高水平的解读与分析。

皮书荣誉

皮书系列已成为社会科学文献出版社的著名图书品牌和中国社会科学院的知名学术品牌。2016 年，皮书系列正式列入“十三五”国家重点出版规划项目；2013~2019 年，重点皮书列入中国社会科学院承担的国家哲学社会科学创新工程项目；2019 年，64 种院外皮书使用“中国社会科学院创新工程学术出版项目”标识。

权威报告·一手数据·特色资源

皮书数据库

ANNUAL REPORT(YEARBOOK) DATABASE

当代中国经济与社会发展高端智库平台

所获荣誉

- 2016年，入选“‘十三五’国家重点电子出版物出版规划骨干工程”
- 2015年，荣获“搜索中国正能量 点赞2015”“创新中国科技创新奖”
- 2013年，荣获“中国出版政府奖·网络出版物奖”提名奖
- 连续多年荣获中国数字出版博览会“数字出版·优秀品牌”奖

成为会员

通过网址www.pishu.com.cn访问皮书数据库网站或下载皮书数据库APP，进行手机号码验证或邮箱验证即可成为皮书数据库会员。

会员福利

- 使用手机号码首次注册的会员，账号自动充值100元体验金，可直接购买和查看数据库内容（仅限PC端）。
- 已注册用户购书后可免费获赠100元皮书数据库充值卡。刮开充值卡涂层获取充值密码，登录并进入“会员中心”—“在线充值”—“充值卡充值”，充值成功后即可购买和查看数据库内容（仅限PC端）。
- 会员福利最终解释权归社会科学文献出版社所有。

数据库服务热线：400-008-6695
数据库服务QQ：2475522410
数据库服务邮箱：database@ssap.cn
图书销售热线：010-59367070/7028
图书服务QQ：1265056568
图书服务邮箱：duzhe@ssap.cn

社会科学文献出版社 皮书系列
SOCIAL SCIENCES ACADEMIC PRESS (CHINA)
卡号：916585715271
密码：

S 基本子库
SUB DATABASE

中国社会发展数据库（下设 12 个子库）

全面整合国内外中国社会发展研究成果，汇聚独家统计数据、深度分析报告，涉及社会、人口、政治、教育、法律等 12 个领域，为了解中国社会发展动态、跟踪社会核心热点、分析社会发展趋势提供一站式资源搜索和数据分析与挖掘服务。

中国经济发展数据库（下设 12 个子库）

基于"皮书系列"中涉及中国经济发展的研究资料构建，内容涵盖宏观经济、农业经济、工业经济、产业经济等 12 个重点经济领域，为实时掌控经济运行态势、把握经济发展规律、洞察经济形势、进行经济决策提供参考和依据。

中国行业发展数据库（下设 17 个子库）

以中国国民经济行业分类为依据，覆盖金融业、旅游、医疗卫生、交通运输、能源矿产等 100 多个行业，跟踪分析国民经济相关行业市场运行状况和政策导向，汇集行业发展前沿资讯，为投资、从业及各种经济决策提供理论基础和实践指导。

中国区域发展数据库（下设 6 个子库）

对中国特定区域内的经济、社会、文化等领域现状与发展情况进行深度分析和预测，研究层级至县及县以下行政区，涉及地区、区域经济体、城市、农村等不同维度。为地方经济社会宏观态势研究、发展经验研究、案例分析提供数据服务。

中国文化传媒数据库（下设 18 个子库）

汇聚文化传媒领域专家观点、热点资讯，梳理国内外中国文化发展相关学术研究成果、一手统计数据，涵盖文化产业、新闻传播、电影娱乐、文学艺术、群众文化等 18 个重点研究领域。为文化传媒研究提供相关数据、研究报告和综合分析服务。

世界经济与国际关系数据库（下设 6 个子库）

立足"皮书系列"世界经济、国际关系相关学术资源，整合世界经济、国际政治、世界文化与科技、全球性问题、国际组织与国际法、区域研究 6 大领域研究成果，为世界经济与国际关系研究提供全方位数据分析，为决策和形势研判提供参考。